U0193899

JD64.201510

Lingang Quyu Kongjian Jiegou Youhua Yanjiu
Yi Zhenhai Weili

临港区域空间结构优化研究
——以镇海为例

陈洪波 / 等著

ZHEJIANG UNIVERSITY PRESS
浙江大学出版社

图书在版编目（CIP）数据

临港区域空间结构优化研究：以镇海为例 / 陈洪波
等著. —杭州：浙江大学出版社，2018.8
ISBN 978-7-308-17898-3

Ⅰ.①临… Ⅱ.①陈… Ⅲ.①港湾城市—城市空间—
空间结构—研究—镇海 Ⅳ.①TU984.255.4

中国版本图书馆 CIP 数据核字（2018）第 012571 号

临港区域空间结构优化研究
——以镇海为例

陈洪波 等著

责任编辑	杨利军　沈巧华	
责任校对	陈　翾　夏湘娣	
封面设计	春天书装	
出版发行	浙江大学出版社	
	（杭州市天目山路 148 号　邮政编码 310007）	
	（网址：http://www.zjupress.com）	
排　版	浙江时代出版服务有限公司	
印　刷	虎彩印艺股份有限公司	
开　本	710mm×1000mm　1/16	
印　张	13.75	
字　数	245 千	
版 印 次	2018 年 8 月第 1 版　2018 年 8 月第 1 次印刷	
书　号	ISBN 978-7-308-17898-3	
定　价	48.00 元	

目　　录

第一章　顺应发展诉求,把握临港区域空间优化趋势

　　我国正处在全面建成小康社会的关键时期,也是建设海洋强国的重要阶段。新型工业化与城市化加速推进,城市临港区域发展呈现出高度活跃的趋势,城市临港区域的发展方向影响甚至决定着港口城市未来的发展。优化临港区域空间结构,有助于缓解城市住房拥挤、交通堵塞、环境污染等问题,同时利用港口资源发展临港产业,调整城市的空间结构和布局,使其更有利于符合现阶段及未来的发展情况,有助于港口城市可持续发展。

第一节　研究的背景及意义

　　我国正处于城市化进程加速推进时期,城市空间容量随着城市空间规模的扩大和城市基础设施的延伸而迅速增加。在经济发展新常态下,如何促进城市经济社会发展质量更高、效益更优,城市空间资源的科学配置、空间结构的优化布局,是一个基本的承载条件。因而分析城市的空间形态,掌握其发展规律,对于优化城市空间,推动城市发展具有十分重要的意义。

一、研究的背景

(一)优化临港区域空间是贯彻中央系列精神的重大举措

　　随着社会主义现代化建设向纵深发展,我国国土空间整体面貌发生了深刻变化,虽然有力支撑了经济社会的持续快速发展,但也出现了一系列需

要着力解决的突出问题。世界范围内的环境问题甚至是环境危机已经为我们敲响了警钟,加快转变经济发展方式,科学开发我们生存和发展的空间,已经刻不容缓。我们需要更加注重高效、协调、可持续地优化配置国土资源,需要更加注重处理集聚和分散、开发和保护的关系,需要更加注重国土安全,构建高效、协调和可持续的国土空间开发格局。2010年年底,国务院印发《全国主体功能区规划》,确立了未来国土开发的主要目标和战略格局,提出了未来国土空间开发的新理念和新原则,明确了分类管理的区域政策和各有侧重的绩效考核评价办法,这一规划标志着中国第一个国土空间开发规划诞生,也标志着主体功能区战略正式形成。2013年,中央城镇化工作会议提出"由扩张性规划逐步转向限定城市边界、优化空间结构的规划""严控增量,盘活存量,优化结构,提升效率"等政策方针。2014年,国土资源部提出"严格控制城市建设用地规模,确需扩大的,要采取串联式、组团式、卫星城式布局"等要求。

党的十八大报告对优化国土空间开发格局的发展理念进行了深化和细化,以"人口资源环境相均衡、经济社会生态效益相统一"为原则,以"控制开发强度,调整空间结构"为手段,以"促进生产空间集约高效、生活空间宜居适度、生态空间山清水秀,给自然留下更多修复空间,给农业留下更多良田,给子孙后代留下天蓝、地绿、水净的美好家园"[1]为目标。国土空间开发,正成为国家发展战略的重要组成部分。空间优化的水平和程度,直接影响并决定着区域协调、融合与安全发展的进展和效果。通过优化空间结构,提高空间效率,实现效率和公平的空间相对均衡。党的十八大报告提出"形成节约资源和保护环境的空间格局、产业结构、生产方式、生活方式",增加"空间格局",并在党中央和中央政府历次重要文件和重大规划中把"空间格局"放置在了前所未有的高度,优化空间格局成为建设"美丽中国"的一个重点。

(二)优化临港区域空间是宁波补短板,打造"一圈三中心"的内在要求

随着全面深化改革的不断推进,"短板"越来越成为制约宁波市经济社会发展的主要因素。集中力量破除短板制约,全力做好补短板这篇大文章,对于取得高水平全面建成小康社会决定性胜利具有至关重要的作用。党的十八大以来,中央就补短板作出了一系列重要部署,浙江省委对补短板提出了明确要求。宁波市上下要认真贯彻党的十八届三中全会、十八届四中全

---

① 杜念峰.党的十八大文件汇编.北京:党建读物出版社,2012:25.

会、十八届五中全会和浙江省委十三届九次全会精神,以"四个全面"战略布局为统领,以"五大发展"理念为引领,以"八八战略"为总纲,按照"建设四好示范区"和"争取早日跻身全国大城市第一方队"的要求,对照高水平全面建成小康社会、全面建成现代化国际港口城市的目标,重点补齐科技创新、城市品质、国际化发展、生态环境、民生服务、改革落地等六大短板。2016年,宁波出台了《中共宁波市委关于补短板创优势提升城市综合竞争力的意见》,把补短板作为提升城市综合竞争力的主抓手、再创竞争新优势的主攻点、检验干部能力作风的主考场,精准聚焦制约发展最关键、群众期待最迫切、主观努力最能见效的地方发力攻坚,下大力气补齐制约宁波发展的深层性、决定性、关键性短板,努力实现更高质量、更有效率、更加均衡、更可持续的发展。

宁波是我国重要的港口开放城市,是海上丝绸之路的始发港之一。唐朝时,这里是中国三大对外贸易港之一,史载"海外杂国,贾船交至"。2015年,浙江省沿海港口吞吐量达11亿吨和2257万标箱。其中,宁波舟山港完成货物吞吐量8.9亿吨,位居全球第一;完成集装箱吞吐量2062.7万标箱,首次超过香港港位居全球第四,同比增长6.1%。[①] 宁波港是宁波的比较优势与重要战略资源,到目前为止港口优势还远未充分发挥。宁波完全可以利用港口优势吸引外来资金,吸引各类产业集聚,并依托港口建立起来的港口产业通过前向与后向的联系促进城市其他产业的发展,对港口产业的投入产生乘数效应,带动城市经济的快速增长。在新的形势下,宁波提出了基本形成更具国际影响力的港口经济圈和制造业创新中心、经贸合作交流中心、港航物流服务中心的发展目标。进一步放大宁波的区位优势、港口优势、产业优势、开放优势,更好地发挥"一带一路"倡议的战略支点和长江经济带"龙眼"的作用,以宁波的独特优势和创新发展更好地服务全国改革开放大局。宁波要充分利用好开放和港口优势,打造辐射长三角、影响华东片的港口经济圈。现在,宁波要再创竞争新优势,关键要利用好港口这一最大优势,加快建设港口经济圈,实现港口辐射半径的最大化、港口功能的最大化、港口经济的最大化,使之成为宁波引领经济新常态的"动力总成"。加快建设港口经济圈,就是要在更高层次上提升宁波产业发展能级、区域辐射力和国际竞争实力,在服务"一带一路"倡议和长江经济带国家战略中发挥更

---

① 宁波舟山港合并2015货物吞吐量全球最大.(2016-02-18)[2016-04-12].http://zj.qq.com/a/20160218/015001.htm.

大的作用。建设港口经济圈,不是单纯地推进对外交通设施互联互通,也不是单纯地发展港口经济,而是要以此为纽带构建跨区域、大容量、高效率的经济要素交流网络,促进港口与产业相融合、港口经济圈与都市经济圈相融合,使宁波成为我国集聚配置国际贸易、港航、物流资源的战略高地,成为名副其实的现代化国际港口城市。

（三）优化临港区域空间是应对港口非常规突发事件的迫切需要

危险品泄漏甚至爆炸事故频频发生,不断威胁港口的安全,影响港口的作业,破坏港口海域的环境。1917 年 12 月 6 日,加拿大海港城市哈利法克斯港因撞船引发爆炸。当时一艘满载着 5000 吨弹药和炸药的法国军火船"蒙特·布兰克号"与一艘比利时救援船在海湾相撞,两船起火,最后爆炸,2000 余人当场死亡,9000 余人受伤。大爆炸几乎毁灭了整个哈利法克斯港。1944 年 4 月 14 日,停泊在印度孟买港卸货的一艘载有棉花、橡胶、硫黄等易燃物的英国船只失火,发生一连串的大爆炸。强大的爆炸使 13 艘船只被毁,总吨位逾 5 万吨。孟买港大爆炸造成了巨大的经济损失,人员伤亡也极大,1500 多人丧生,烧伤和受伤人数超过 3000 人。2002 年 8 月 18 日,一艘装载有大约 30000 加仑燃料油品的货船在美国南部港口休斯敦主航道内发生猛烈爆炸,燃烧后产生的黑雾遮天蔽日,所幸抢救和疏散及时,没有人员在本次事故中伤亡。本次大火是轮船附近的一条输油管道中残留的电器用油发生爆炸引起的。2006 年 5 月 17 日,位于湘江下游主航道右侧、长沙市北端的开福区霞凝新港码头发生一起集装箱爆炸事件,爆炸的集装箱内放有烟花爆竹。爆炸时发生巨响,烟雾弥漫。爆炸导致 7 人轻伤,无人死亡。2010 年 7 月 16 日晚,大连新港附近中石油一条输油管道起火爆炸。事故造成作业人员 1 人轻伤、1 人失踪;在灭火过程中,消防战士 1 人牺牲、1 人重伤。据统计,此次事故造成的直接财产损失为 22330.19 万元。大连附近海域至少 50 平方千米的海面被原油污染。2011 年 5 月 31 日,英国海外属地直布罗陀北部港口一座储油槽因为工人焊接不慎,引发爆炸大火,烈焰夹杂着黑烟冲天,波及停泊在附近的游轮,导致 12 名乘客及 2 名西班牙工人受伤。[①] 2015 年 8 月 12 日 23 时 30 分许,天津滨海新区开发区内瑞海危险品仓库发生爆炸。发生爆炸的是滨海新区港务集团瑞海物流危险化学品

---

① 港口爆炸惨剧历历在目. (2015-08-13)[2016-08-18]. http://www. morningpost. com. cn/2015/0813/929471. shtml.

堆垛。爆炸喷发火球,同时引发剧烈的二次爆炸,引燃周边建筑物、停车场及露天堆场,方圆数千米有强烈震感。[①] 经国务院调查组调查认定,天津港"8·12"瑞海公司危险品仓库火灾爆炸事故是一起特别重大生产安全责任事故。

随着城市化进程的加快,出于产业布局和成本的考虑,很多地方政府往往会在临近港口的地区布局临港产业园,以发展服务业、制造业,比如临港发展石化企业。原本与居民区保持一定距离的大型港口与城市在规划建设方面的矛盾也逐渐凸显,并加剧了港口管理所面临的困难。港口开发和城市建设的矛盾还涉及城市规划和建设、国土资源管理等工作,牵涉面广,随着港区的纵深开发,其与城市化进程的矛盾越发突出,优化临港地区空间结构显得尤为紧迫。

二、研究的意义

(一)理论意义

城市系统由复杂的经济结构、社会结构和生态结构组合而成,而这些要素最后都要落实在城市空间这个载体上。自然环境和人类社会共同作用于城市空间变化的各个阶段,同时城市空间结构也对经济发展和人们生活有着重要的影响。城市的空间形态特征是城市社会和经济发展状况在空间上的综合反映,也是城市功能空间组合的形态表现,它的形成是城市社会和经济发展的必然结果,反过来也推动或制约城市经济的发展。对港口内部空间结构的考察使学者对港口发展模型发生了浓厚兴趣,并由此注意到港口与城市的空间联系,出现了一大批研究成果,但国内外港口的区域研究大多仍停留在定性的描述与分析的阶段,精确的定量化研究并不多见,即使少数运用简单数学模型的相关研究也只是涉及港口某一方面的内容,如港口规模、港口运行的经济性等,从整体和系统的角度建立起港口与城市空间交互作用的定量研究体系目前尚为空白。在国内外城市地理学研究中,城市间的相互作用一直是研究的重点,主要是基于空间布局、等级规模和职能分工的研究,而对于港口城市空间优化尤其是临港区域空间布局及优化的研究较少,研究多为概念性的一般意义探讨,缺乏对港口城市临港区域空间扩张特征及空间形态的变化规律的理论归纳、总结。本研究通过相关理论模型与计量模型的构建和应用,建立了临港区域空间优化的理论框架,提出了临港区

[①]　8·12天津滨海新区爆炸事故. [2016-08-18]. https://baike. baidu. com/item/8·12天津滨海新区爆炸事故/18370029? fr=aladdin.

域空间优化的途径和方法,进一步拓展了港口城市空间优化的理论研究体系。

(二)实践意义

临港区域空间结构的合理配置具有十分重要的经济和社会意义。有利于发挥城市聚集经济中的区位效益和组合效益,使得地尽其用,克服不同功能相互混杂所带来的外部负效应,使城市发展空间更加集约高效、功能配置更加优化、居民生活质量持续提升。随着"一带一路"倡议、长江经济带发展战略的实施,宁波市既面临加快产业技术变革、构筑"一带一路"的战略支点、统筹宁波都市区建设等重大历史机遇,又面临着不少长期积累的结构性、素质性矛盾,保持稳定增长动力不够足,自主创新能力不够强,环境承载压力比较大,经济社会领域潜在风险较多,公共服务和民生保障存在一些短板等问题,因此加快经济社会转型发展比以往任何时候都更为紧迫。新型工业化、城市化加速推进,与之对应的是国土空间结构也处在急剧变动中。宁波未来发展既要满足人口增加、经济发展、人民生活改善、基础设施建设以及新型工业化、城市化推进等对国土空间的巨大需求,又要为保障国家粮食安全而保住耕地特别是基本农田,还要为保障生态和人民健康而扩大绿色生态空间,生态文明建设面临前所未有的压力。应对这些挑战,必须积极优化全市空间开发格局,发挥港口和开放的带动作用,顺应世界潮流大势,契合国家发展战略,全方位、大力度、实质性推进转型发展,坚持在更高起点上放大港口、开放的联动效应,主动融入"一带一路"和长江经济带建设,深化拓展经贸、人文等领域的全方位合作交流,增强港口经济圈的辐射带动能力,发展更高层次的开放型经济,全面提升城市国际化水平。目前宁波可供开发的土地资源极为有限,资源环境已经无法承载粗放型的经济发展方式,需要在分析产业、土地、空间布局、生态环境等条件的基础上,摸清宁波社会经济发展的资源要素和制约因素,解决"三生"(生活、生产、生态)之间的矛盾,进一步优化空间结构布局。通过产业结构的调整,形成中心城区以第三产业为主,将第二、三产业尽量迁离市区,提高产业的规模化水平,在城郊地区积极发展现代农业和郊区旅游业。不断强化各类资源的深度开发与空间布局的优化组合,通过对宁波产业结构和空间结构的调整,实现自然、经济、社会要素的空间整合,发挥城市聚集经济的优势,使潜在的生产力转化为巨大的现实经济效益。

《浙江省海洋港口发展"十三五"规划》(以下简称《规划》)提出要强化宁波舟山港主体地位。把宁波舟山港现有 19 个港区,划分为重点发展港区、优化发展港区、特色发展港区等三类。《规划》指出北仑、镇海、穿山、大榭、岑港、马岙、白泉等是需要优化结构、提升功能的港区。镇海、北仑、穿山、大榭港区通过整合港口资源存量,推动老旧码头、污染性码头及生产企业的搬迁改造和结构调整,对部分通用码头组织实施专业化改造,提高岸线利用效率。镇海港区重点推进海铁联运、海河联运发展。"十三五"期间镇海区要打造港口经济圈核心区块,主动对接上海自贸区、舟山群岛新区建设。加快构建"三位一体"港航服务体系,大力发展海洋新兴产业,不断提升海洋经济发展水平,着力打造开放发展新高地。要立足镇海资源禀赋和环境承载力,加快调整优化城市空间功能布局,科学布局生产空间、生活空间、生态空间,提升区域协调发展和可持续发展水平,加快全域城市化发展步伐。

本研究通过解析镇海区临港地区的内部形态和外部结构,结合城市发展面临的各种社会、经济、生态等问题,研究影响其空间形态的因素变化及发展方向,分析产业发展和空间结构的阶段性特征,探索港口城市空间结构的演变历程和发展规律,分析其内部空间形态形成和演变的动力机制,进一步调整和优化城市空间结构,以协调镇海区新一轮社会经济发展中产业、人居和生态的空间布局,使城市空间形态趋于合理化,对提高城市竞争力,实现城市可持续发展,具有很大的现实意义。

第二节 相关概念界定及理论基础

城市的空间形态特征是城市社会和经济发展状况在空间上的综合反映,也是城市功能空间组合的形态表现,它的形成是城市社会和经济发展的必然结果,反过来也推动或制约城市经济的发展。在新的社会经济背景下,城市的空间形态的演进已不可能仅是单一影响因素作用的产物,而是各类影响因素的综合及组合作用的结果,城市空间形态已成为一个跨学科的研究对象。

一、相关概念界定

(一)城市空间结构

城市空间结构是指在一定历史时期内,城市各个要素通过其内在机制(包括与社会过程之间的相互关系)相互作用而表现出的空间形态。

因为城市是一种特殊的地域,是地理的、经济的、社会的、文化的区域实体,是各种人文要素和自然要素的综合体,所以城市空间结构是一个跨学科的研究对象。由于各个学科的研究角度不同,难以形成一个共同的概念框架。尽管如此,许多学者还是对城市空间结构的概念进行了多方面的探讨。目前,关于城市空间结构的概念主要有以下三种具有代表性的观点。

第一种观点是国外学者费利在20世纪60年代提出来的。作为早期的研究学者,费利试图建立起城市空间结构概念框架。他认为,城市空间结构概念框架由以下四个层面组成:①城市结构包括文化价值、功能活动和物质环境三种要素;②城市结构包括空间和非空间两种属性,其中空间属性是指上述三种要素的空间特征;③城市空间结构包括形式和过程两个方面,分别指城市结构要素空间分布和空间作用的模式;④尽管每个历史时期的城市结构在很大程度上取决于前一历史时期的城市结构,但每一历史阶段城市结构的演变还是显而易见的,因而,有必要引入时间层面。基于费利的概念框架,有的学者把城市空间划分为静态活动空间(如建筑)和动态活动空间(如交通网络)。

第二种观点是国外学者鲍瑞纳在20世纪70年代提出来的。他把系统理论应用到空间结构的研究中。他认为,用系统理论的语汇表述城市空间结构概念会更为严密,因为系统理论强调各个要素之间的相互关系,而这正是城市空间结构的本质所在;同时,系统理论的中性立场使之能够适应于不同的观点。所以,他认为城市系统有三个核心概念:①城市形态,是指城市各个要素(包括物质设施、社会群体、经济活动和公共结构)的空间分布模式。②城市要素的相互作用,是指城市要素之间的相互关系,使之整合成为一个功能实体,被称为子系统。③城市空间结构,是指城市要素的空间分布和相互作用的内在机制,这个内在机制使各个子系统整合成为城市系统。

第三种观点是国外学者哈维在1973年提出来的。在哈维之前,传统的城市研究受到社会学科的方法和地理学科的方法之间的学科界限的束缚。社会学科的城市研究仅强调社会过程,而地理学科的城市研究只注重空间形态。因此,哈维认为,城市研究的跨学科框架就是在社会学科的方法和地理学科的方法之间建立交互界面。1973年哈维对城市空间结构概念的发展作了更为精辟和明了的论述:任何城市理论都必须研究空间形态和作为其内在机制的社会过程之间的相互关系。[①]

---

① 转引自:唐子来.西方城市空间结构研究的理论和方法.城市规划学刊,1997(6):1-11.

（二）空间结构优化

优化是工程技术、项目管理和经济管理研究的重要内容,它是在一定的资源要素约束条件下,通过有计划、有目的、有层次的活动,达到约束条件下利润最大化或者效用最大化的状态,如优化资源配置、产业结构和空间结构等。城市空间结构优化涉及经济、产业、人口等多种因素,是一个包含经济扩散、产业调整和人口迁移的复杂过程,既是一种经济行为,又是一种社会行为。城市空间结构优化既能改变空间布局和空间形态中的无序混乱状态,提升空间生产的效率和质量,又能形成合理的城市空间布局,使得经济发展与城市发展相协调。本研究认为城市空间结构是城市各种要素作用的产物,是自然地理、政治经济、社会文化等空间组合的综合反映,其内涵形式主要有三个方面,分别为密度、布局和形态。城市空间密度是城市各要素在城市单位空间范围内的一定数量,合理的城市空间密度有利于提高社会劳动生产率水平,节约土地资源,降低生产生活成本,是城市空间结构整体优化的必然要求。城市空间布局是指根据城市自然条件和发展基础对城市居住区、工业区、商业区、办公区、生态区等功能分区及其他连接要素(如交通设施)进行合理安排与布置,以提高城市经济和社会效益,促进城市可持续发展。城市空间形态是城市空间结构的整体形式,是城市内部密度和空间布局的综合反映,是城市三维形状和外瞻的表现。[①]

城市空间结构优化指的是根据城市发展水平、城市发展阶段和城市资源环境综合承载力的现实情况,通过改变城市密度、城市形态、城市功能和城市规模来实现城市资源配置的最优状态。本研究以宁波市镇海区临港区域空间优化为研究对象,从产业空间结构、城区空间结构、生态空间结构及九龙湖—澥浦组团发展几个方面系统地分析了镇海区的空间现状、存在的问题及优化的方向和途径。

（三）临港区域的内涵

港口型城市中的临港区域,是与港口紧密相连,依托港口产业,服务港口发展,并具有城市基本功能的区域。

首先,临港区域是一种依托港口而生存和发展的特殊区域形态,其形成的前提是港口的存在,其发展的基本动力来自港口规模和业务的发展。同时,临港区域又是以服务于港口及航运发展为主要任务的特殊区域形态,其

---

① 师卫华.园林植物生态系统对城市空间结构的影响.山东农业科学,2008(7):123-124.

产业和交通布局既服从于港口的布局,又对港口布局产生重大影响;其产业的繁荣程度,又左右着港口的兴旺程度。临港区域形成和发展的历史充分体现了"城以港兴、港以城荣"的规律。港口兴,则城区兴;港口衰,则城区衰。反之,城兴港兴,城衰港衰。两者互为依存,互为动力,相互影响,互相促进。在港口城市中,其他区域虽然也会受到港口的影响,但其所受影响的程度是无法与临港区域相比的。

其次,临港区域的经济结构与港口的业务性质紧密相关。由于港口有贸易港、工业港、渔港和军港之分,在贸易港中,又有对外开放港口和内贸型港口等区分。因此,依托不同类型的港口,临港区域也有几大类,有的以金融、贸易服务为主,有的以商品加工和分拨为主,有的以某一个大型工业企业为主,有的以多门类制造业为主,有的以中转物流服务为主,有的以鱼产品加工为主,有的以军事后勤供应为主等。上述不同的类型,又决定了临港区域的经济特征、产业布局和产业结构。

第三,临港区域的规模和社会地位取决于港口的规模和地位。一般来说,依托大型、综合型、枢纽型外贸港口的临港区域,其社会地位和影响力都比较大,国家和地方政府往往会在这类区域设置特殊经济区,如国外的自由港、自由贸易区,我国的经济特区、保税港区、保税物流园区、开发区、出口加工区等。

第四,临港区域的形态与港口变迁密切相关。一个新港口诞生的时候,总会伴随着形成一个新的临港区域。之后,随着这个港口规模的壮大,临港区域也壮大为一个拥有若干城区的中等城市或大城市,临港区域边界会随着其他众多产业和城市功能的开发而变得模糊。于是,等到港口需要进一步发展时,在新建港区的后方又会形成新的临港区域。换言之,临港区域一般都是港口城市中新兴的城市发展空间。在我国,有不少地方政府在临港区域兴建具有相当大规模的边界清晰的临港新城。

(四)临港区域空间结构

港口城市的港区是临港产业集中发展的功能区。城区是为生产、生活提供商贸金融、居住、休憩旅游等服务功能,以及具有由港区转运功能派生出的储存、贸易、制造和配送等港口功能的特定的工业区块。

从发达国家的港口城市发展经验来看,港口城市中以石化、钢铁、电力等大型工业为主的重化工业,以及以船舶、水产产业为主的制造业、加工业等主体产业,属于港口主体部分;配套部分由港口共生产业组成,即以港口装卸运输功能为主的装卸业以及与港口装卸主业有着紧密联系的海运业、集疏运业、仓储业等,该部分为主体部分提供服务;由港口基本功能衍生出的一些管理、科研等行业属于港口的外延部分。这三大部分协调发展才能反映港口产业集群的完善度和成熟度,从而促进区域经济的协调快速发展。[1]

从港口城市发展的进程看,港口是城市的重要资源,是多功能的基础设施,是城市工业、商业、金融及其服务业发展的重要条件,城市作为港口的载体,其本身只有和港口的功能之间实现有效的关联,才能达到港城互相促进发展的效果。港口城市从地理空间格局上看,分为港区和城区以及连接港城间的疏港功能系统。

港区包括码头、过驳锚地、货物装卸仓储用地、集装箱堆放场地、拆拼箱及包装加工处理等设施用地、船舶港口服务用地,以及规模化的临港产业基地、物流园区。

城区包括商业金融用地、居住用地、生产及生活服务用地以及污染较小的产业基地。山体、河流等生态保护用地间杂在港区、城区间。与此同时,疏港道路系统、生活性道路系统贯穿连接港区与城区。

疏港功能系统包括水路、公路、铁路、管道、皮带机等交通运输方式。其中,在承担港口集疏运功能中,水路运输主要承担沿江和沿海地区的矿石、原油、煤炭、液化气和液体化工等货类的中转运输服务;公路运输主要承担直接腹地的集疏运和部分散杂货的集疏运任务;铁路运输主要承担铁路沿线的金属矿石、化肥、粮食等货物运输;管道运输主要为石化的原油及成品油和液化气等提供运输服务;皮带机主要承担临港工业企业的煤炭、金属矿石、粮食等货物的集疏运服务。[2]

二、相关理论基础

(一)人地关系理论[3]

人地关系,即人类社会和自然环境的关系,是现代地理学研究的重要课题,也是当今社会发展必须直面和探讨的问题。从亚里士多德提出的环境决定论,到工业革命以后风行一时的人类意志决定论,再到 20 世纪初由法

---

① 邓星月.港口城市空间结构与布局研究——以宁波市为例.宁波:宁波大学,2012.
② 周文.北仑港口城市空间布局优化研究.杭州:浙江大学,2010.
③ 鲁西奇.人地关系理论与历史地理研究.史学理论研究,2001(2):36-46.

国地理学家白兰士提出的可能论,人类对于人地关系的探索始终没有停止。经历漫长的上下求索,对于人类社会和自然环境的相互关系,当代人越来越趋向一个观点——人与自然和谐共处。

城市人地关系是人类活动与地理环境在特定城市地域中相互影响、相互制约而形成的一种动态的人地关系结构。其在不同的历史阶段、不同的社会关系、不同的地域空间中显现出不同的性质和特征。因而,研究城市人地关系问题,不仅应立足于特定的地域空间和特定的社会经济发展阶段,更应该关注人地关系演变的动态性。只有真正实现城市人地关系地域空间结构和谐共生,才能真正解决目前在构建和谐社会当中存在着的许多矛盾。

由于人地关系演变具有时空差异性,城市发展的实质是城市人地关系在其各组成要素的相互影响和相互作用下的时空演变过程。一方面,城市发展是城市人地关系相互作用的空间形式;另一方面,城市发展也塑造着城市人地关系空间结构。从时间维度来看,处于不同发展阶段的城市,社会经济发展水平不同,城市人地关系演变表现出一定的阶段性;从空间维度来看,城市发展表现为城市地域空间的不断推进,引起城市地域经济和社会结构的变化,而城市经济和社会结构的变化又不断塑造着城市人地关系空间结构状态。城市地域空间推进必然造成城市人地关系的空间差异,原有的城市人地关系结构不断被改变,新的人地关系结构不断形成,城市在人地关系结构的不断演变中发展。需要指出的是,城市发展的基础是人口、资源、经济与环境的协调发展。在城市人地关系演变过程中,人具有主导作用,决定着城市发展人地关系的性质和方向。整体来看,城市人地关系演变有两个方向:协调和紧张。从人地关系性质来看,城市人地关系趋向协调表现为城市生活质量提高,生态环境质量改善;反之则表现为城市生活质量下降,生态环境质量降低。前者表现为城市人地关系空间结构不断优化,后者表现为城市人地关系空间结构日趋紧张。

从城市地理学研究的传统来看,城市人地关系的落脚点在城市空间上。城市人地关系空间结构演变作为城市人地相互作用的空间表现结果,必然会对城市竞争力提升与和谐发展产生深远的影响。从城市人地关系空间结构演变来看,在城市化的不同阶段,城市人地关系空间结构具有不同的特征。注重中心城区的职能转移与功能置换,合理引导城市发展布局,提高城市土地集约利用程度以及制定科学的城市发展规划,是现阶段我国城市人地关系空间结构不断优化的重要原因。

(二)城市空间经济发展理论①

经济活动是维持城市生存必不可少的条件,城市的经济活动种类繁多。从城市活动的服务对象来看,这种活动由两个部分组成,一部分是为城市自身存在的需要服务的,另一部分是为本城市以外的需要服务的。为外地服务的部分,是城市以外为城市创造收入的部分,它是城市得以存在和发展的经济基础,这一部分活动称为城市的基本活动部分,它是推动城市发展的主要动力。基本活动部分服务对象都在城市以外,细分又有两种情况。一种是离心型的基本活动,例如,城市生产的工业产品或城市发行的书刊报纸被运到城市以外销售;另一种是向心型的基本活动,例如,外地人到这个城市来旅游、购物、求学或接受治疗等。满足城市内部需求的经济活动,随着基本活动部分的发展而发展,它被称为非基本活动部分,细分也有两种,一种是为了满足本城市基本部分的生产所派生的需要;另一种是为了满足本城市居民正常生活所派生的需要。城市的非基本活动部分应该和基本活动部分保持一定的比例,当比例不协调时,就会使城市这架复杂的机器运转不正常。任何一个城市,如果它的经济活动中基本活动部分的内容和规模逐渐扩展,那么这个城市就势不可挡地要发展。如果城市的基本活动部分由于某种原因而衰落(如旅游资源型城市遭遇自然灾害,港口城市港湾淤塞或腹地丧失,加工工业城市的输出产品失去竞争力等),同时却没有新的基本活动发展起来,那么这个城市就无可挽回地要趋向衰落。当城市的条件发生变化,促进新的基本部分活动部分时,衰落的城市还会复兴。这是理解一切城市成长发展机制的基础,即城市经济基础理论。

任何一个城市都不可能孤立地存在。为了保障生产、生活的正常运行,城市之间、城市和区域之间总是不断地进行着物质、能量、人员和信息的交换,我们把这些交换称为空间相互作用。正是这种相互作用,才把空间上彼此分离的城市结合为具有一定结构和功能的有机整体,即城市空间分布体系。在城市规划、城市发展等方面应用价值较大的城市(区域)经济发展理论主要有增长极理论、中心—外围理论、梯度发展理论,还有新近的城市区域管制方面的研究成果。

---

① 厉敏萍,曾光.城市空间结构与区域经济协调发展理论综述.经济体制改革,2012(6):53-56;徐东云,张雷,兰荣娟.城市空间扩展理论综述.生产力研究,2009(6):168-170.

(三)生态城市管理理论

城市生态思想在城市形成之初就已有所体现。工业革命开启了城市化进程,同时也伴生了一系列的城市环境问题,从而刺激了城市生态思想的发展。1916年,美国芝加哥学派创始人帕克发表的著名论文《城市:关于城市环境中人类行为研究的几点意见》,对城市生态思想的发展起了奠基性作用。20世纪60年代至70年代,联合国教科文组织的"人与生物圈计划"提出了从生态学角度研究城市居住区的项目,指出城市是一个以人类为活动中心的人类生态系统。此后,城市生态学进入大规模发展阶段。①

城市生态学的基本思想是,以城市为对象,将城市作为一个生态系统,探讨其结构、功能和调节机制的生态学机理与方法,并将其中的生态学机理应用到城市规划、管理工作中去。城市生态思想体现在以下一些城市生态学基本原理中:①生态位原理。城市生态位是指城市满足人类生存发展所提供的各种条件的完备程度。人们总是趋向生态位较高的城市地区,这种心理和行为正是城市发展的动力。②多样性导致稳定性原理。生物群落与环境之间保持动态平衡的稳定状态的能力,是同生态系统物种的多样性、复杂性呈正相关的。③食物链(网)原理。城市资源利用、产业结构调整和产业延伸等方面都可以运用这一原理。同时,该原理给人更重要的启示是,人类居于食物链的顶端,最终会通过食物链的作用承担自身对生存环境造成污染的后果。④系统整体功能最优原理。⑤环境承载能力原理。

基于城市生态思想的城市管理理论也是循着城市生态学的基本思想发展的,即在城市管理过程中将整个城市看作一个有机的生态系统,通过协调和疏导维持经济、社会、自然这三个亚系统内部及相互之间的稳定状态,支持整个城市生态系统的发展。②

(四)新城市主义管理理论和精明增长理论

20世纪60年代到80年代,伴随着美国大城市人口大批向郊区迁移,城市空心化日益严重,西方学者提出了"新城市主义"的新思想。新城市主义的特点在于强调传统、邻里感、社区性、场所精神、全面、整体、有机、持续发

---

① 马交国,杨永春.生态城市理论研究综述.兰州大学学报(社会科学版),2004,32(5):108-117.

② 城市生态学概论及基本原理.(2016-06-02)[2016-07-12]. http://www.docin.com/p-1614495989.html.

展,主张恢复城市人文价值以提高城市生活品质。其设计思想内涵和原则主要体现在:①尊重自然——构建完整的城市生态系统;②尊重社会与个人——建设充满人情味的生态社区;③保持多样性——维持城市生态系统的稳定;④节约资源——实现城市生态系统的可持续发展。可以说,新城市主义和当今最富魅力的生态城市具有殊途同归的内在一致性。① 尽管新城市主义的本质是城市规划理论,但它对城市管理工作同样有着重要启示。基于新城市主义的城市管理思想强调在城市管理中要体现对人的尊重,我们应注重人的感受,重视培养城市的宜居性和舒适性,提升城市对人的吸引力,通过对人的聚集与合理配置来保持城市的发展活力。这种管理思想一方面体现了城市环境对人的关怀,另一方面也提升了城市本身的魅力。

20 世纪 80 年代以后,随着经济的发展,美国郊区化出现了新的趋势:不仅仅是居住区,新的工厂区、办公园区也纷纷向郊区迁移。人口和就业岗位郊迁、中心区衰退、城市用地不断扩张,城市地区增长的无限制低密度模式带来了一系列的城市问题。这种失控的城市化地区不断蔓延的现象,被称为"城市蔓延"(urban sprawl)。城市蔓延损害了环境、经济、社会等各方面的利益。首先,城市生活环境品质下降。城市蔓延使城市绿色空间减少、环境不断恶化。其次,分散在郊区的各类社区中存在着居住的多样性和隔离性,加剧了社会阶层的分化和离异。另外,城市财政萎靡、内城投资减少。开发新区的优势本来在于投资相对较少,但是马里兰州一项研究表明,从 20 世纪 80 年代至 21 世纪 20 年代,与更为集中的城市发展相比,城市蔓延将使居民在城市建设上付出更大的代价。美国城市的发展目前正误入迷途。许多人都在反思,这种无计划蔓延的发展方式亟须改变,应该寻求一种更合理、有效的发展方式。

在这样的背景下,美国联邦和地方政府,以及经济学、社会学、地理学和规划学界,都已经认识到无限制低密度城市发展模式所带来的问题的严重性,也提出了一些尝试性的解决办法。其中,"精明增长"(smart growth)是在 20 世纪 90 年代提出的、风行全美的一项发展计划。率先提出精明增长蓝图的城市——得克萨斯州的奥斯汀市认为,它试图重塑城市和郊区的发展模式,改善社区,促进经济发展和环境保护。1994 年美国规划师协会提出精明增长的发展方式,认为其主要目标在于帮助政府使那些影响规划和管理的变动的法规条例更加现代化,在立法方面协助和支持政府的工作。而

---

① 查晓鸣.新城市主义理论分析.甘肃科技,2012,28(14):131-134.

1997年马里兰州州长格兰邓宁提出精明增长的初衷是建立一种使州政府能够指导城市开发的手段,并使政府的财政支出对城市发展产生正面影响。之后,精明增长作为一种城市发展模式,逐步在全国发展起来,并得到公众的认可。[①]

精明增长是在拓宽容纳社会经济发展用地需求途径的基础上控制土地的粗放利用,改变城市浪费资源的不可持续发展模式,促进城市的健康发展。城市增长的"精明"主要体现于两个方面:一是增长的效益,有效的增长应该是服从市场经济规律、自然生态条件以及人们生活习惯的,城市的发展不但能繁荣经济,还能保护环境和提高人们的生活质量;二是容纳城市增长的途径,按其优先考虑的顺序依次为现有城区的再利用—基础设施完善、生态环境许可的区域内熟地开发—生态环境许可的其他区域内生地开发。应通过对土地开发的时空顺序的控制,将城市边缘带农田的发展压力转移到城市或基础设施完善的近城市区域。

第三节　临港空间优化的路径及趋势

区域经济空间结构的形成就是区域内部、外部各种力量相互作用的物质空间反映。各种类型的区域经济空间结构的形成都需要动力的牵引,是各种要素在相互作用之后产生的合力作用的结果,体现为区域经济空间结构的形成和演变。不同区域或者同一区域的不同发展阶段,区域经济空间结构形成的动力机制也不尽相同。

一、临港区域空间结构演变的影响因素

(一)聚集效应

聚集效应是由社会经济活动的空间集中所形成的聚集经济与聚集不经济综合作用的结果。其中,聚集经济一般是指因社会经济活动及相关要素的空间集中而引起的资源利用效率的提高,以及由此而产生的成本节约,收入或效用增加。城市聚集效应的形成、演化与作用,与临港区域空间结构的形成、变动属于同一个过程,这使得临港区域空间结构表现出内部调整和外

[①] 刘海龙.从无序蔓延到精明增长——美国"城市增长边界"概念述评.城市问题,2005(3):67-72.

部扩展的特征。

从城市的发展过程来看,社会经济要素在城市聚集的总量、构成和布局方面会发生变化。这种变化一方面来源于诸如分工利益、规模经济、交易费用的节约、市场效率等聚集经济的广度与深度的增减;另一方面则来源于诸如土地投入、拥挤成本、污染状况等聚集成本的升降。毫无疑问,这种变化会改变城市整体和局部的聚集效应。聚集经济效益是城市土地利用结构形成的根本动力,城市不同部位聚集效应的变化,必然会导致厂商、居民选址的变化,并影响到城市土地有效利用与空间布局的变化,使得城市空间结构表现出内部调整和外部扩展的现象。

城市空间结构的形成是城市居民和厂商在城市不同经济活动中重新配置和组合土地资源和要素的过程。正如德国著名社会学家马克斯·韦伯对工业聚集的划分一样,在城市形成后,过去形成的人口和经济活动的分布,影响着现期的选址决策。绝大多数的居民、厂商实际上是根据已存的人力资源、市场、投入、工业、居住、公共设施、相关产业、自然资源与自然条件等的分布,即以某区位现在的聚集状况和开发建设的成本(主要受自然资源和自然条件的限制),对未来某区位可能获得的聚集经济效应的预测为参考,进行选址活动的。所以,已存在的聚集效应会作为聚集因子影响新的聚集,而新的聚集又会进一步改变城市聚集效应的总量和分布。城市空间结构和城市经济运行就是一个以前一阶段聚集经济分布为基础不断更替演变的过程。随着城市的发展,城市功能结构、聚集内容、聚集主体外部关系发生变化,相应引起城市地域分化内容的变化。新的职能和设施出现,部分旧的职能衰退。例如,由工业社会向信息社会的发展过程中,高新技术在城市中蓬勃发展,夕阳工业逐渐衰退乃至消失。高新技术对人力、自然、交通环境的要求,使高新技术开发区在靠近大专院校、科研机构和自然环境优美的地区附近集聚起来,形成城市内部一个新的聚集群体。[①]

(二)技术进步

技术进步是影响城市聚集最为直接的因素,也是临港区域空间结构演化的动力,以及创造新的城市形态的活跃因素。随着技术的变化,部分功能的聚集性也发生变化。原来互相融合的功能,因相互聚集的经济利益下降走向分离;而原来互相排斥的职能也许在技术的变化中走向融合。工业区

---

① 江曼琦.聚集效应与城市空间结构的形成与演变.天津社会科学,2001(4):69-71.

与居住区的融合、分离、再融合的过程形象地表现了这一变化。手工业时期,生产、销售、居住合而为一。现代工业发展,工业生产对规模经济的追求,特别是工业生产环境对居住环境的干扰,厂商、居民根据各自的利益分别向城市不同的地区聚集,形成城市内部各种工业区和居住区。随着网络技术的发展和工业生产环境的改善,工业对居住的干扰越来越小,小型化、市场化、非标准化的工业,有可能逐渐融合在居住区内。

随着技术的进步、收入的浮动等外部环境的变化,厂商、居民从某地获得聚集经济利益的大小也会发生变化,从而使其在某区位的竞争中,对地租的支付能力发生变化。实际上,在早期聚集经济效益构成中,交通成本占很大的比例,技术进步后,其在聚集经济效益中的比例大幅度地降低,风险成本、信息成本所占比例增加,尤其是随着新技术发明应用与实际生产过程之间的时间间隔的缩短,以及企业之间竞争的加剧,企业越来越感到及时获得市场信息和技术的迫切性。因此,能够方便地获得各种信息及信息成本降低的区位,成为企业新的聚集热点。而生产技术日益标准化的制造业,从市中心的区位上所获得的聚集效益越来越少,从而带来区位的变化。

（三）交通技术进步的效应

交通工具的产生与变革是城市发展的基本动力之一,城市空间布局与交通技术的进展紧密相关。一般而言,大城市的半径大体相当于人在 1 小时内能通过的距离。例如,处于步行时代的古罗马,其城市半径为 4 千米;19 世纪的伦敦,运输靠公共马车和有轨马车,城市半径约为 8 千米;到 20 世纪初,当市郊铁路、地铁和公共汽车成为代步工具时,城市半径就伸展到 25 千米左右;到 20 世纪下半叶,随着小汽车的大量使用,以及高速公路和高速铁路的建设,城市空间扩展更为迅速,城市半径进一步达到 50 千米以上。

随着港口的建设,在港口特别是海港的周围兴建了大量的工厂,并带动了仓储、运输、贸易等相关产业发展,形成港口工业区,这不仅对城市经济发展起到重要作用,而且对城市的空间结构产生显著的影响,形成"城因港兴,港以城兴"的相互依赖、相互促进的局面。在初期阶段,由于船舶的吨位不大,对航道水深要求不高,故当时形成的港口城市多位于河流下游近入海处,如位于泰晤士河下游的伦敦、易北河下游的汉堡、莱茵河下游的鹿特丹,以及我国长江下游黄浦江畔的上海、珠江下游的广州等。港口位于河流下游,既可通过海运联系世界,又可通过内河运输联系自身的腹地。但自 20 世纪 50 年代以来,由于船舶日益大型化,其对航道的水深要求越来越高,例如第五、六代集装箱船所需水深达 12 米。为此,许多城市的港口或不断加深航道和码头水深,或在海岸地带的适宜地点建设新的港区,使得港口不断沿河向入海口发展,形成港口群,如荷兰的鹿特丹、德国的汉堡等。我国的上海港原来位于黄浦江两岸,后向长江口外转移,兴建了外高桥港口,并开始在杭州湾、大小洋山岛兴建深水港。广州港也逐步由内港向黄埔港、新沙港、南沙港转移。

(四)规划和政策的影响

城市规划和政策因素构成了城市空间扩展的"控制阀"。可以想象,一个城市如果没有切实可行的城市总体规划、产业发展政策和社会发展政策等的引导和调控,城市的发展将会不受控制,无序蔓延,城市的各种问题将会进一步突出,城市的环境质量和人们的生活质量将会更加糟糕。而正是因为有了相关的城市规划、城市发展政策和产业发展政策等对城市发展的引导、协调和控制,同时不断地对城市空间结构进行优化,才使得城市呈现出更好的形态和形象。

二、临港区域空间优化的目标与趋势

(一)智慧网络化

城市在显现扩散和积聚效应的过程中形成了网络化城市体系,以城市为焦点的中心积聚功能日益明显,卫星城市和周边城市的紧密度加强。城市空间在宽度(面积)和深度(布局)两个主要向度上迅速扩展。城市郊区农业用地逐渐转化为城市工业、商业和居住用地。城市功能区越来越显形化,其布局越来越符合现代城市发展的时代潮流和内在需求,工业区、商业区和居住区布局由混合状态的单中心向按功能相似性分类的多中心分布。城市人口急剧增长,非农业人口逐渐转化为城市人口,劳动力就业结构也在变化中优化。城市产业重心逐渐由以工业制造业为主转向以服务产业为主,这种"软化"的趋势促进了城市产业的新布局。随着"生态空间结构""人文空间结构""可持续空间结构"等概念的出现,城市功能也相应发生变化,城市不仅是经济发展的载体,还是人们工作、生活、休闲的优雅空间。"智慧"就是依靠人的智慧来发展城市,以产业智慧化、设施智能化、公共服务便捷化等共同推进智慧城市建设,依靠创新驱动城市发展,让创新成为城市发展的主动力,释放城市发展新动能。

(二)多元集约化

政府的重商政策、高效率高技能的人力资源、良好的交通基础设施、先进的信息技术以及区位优势是港口地区实施多元化战略并获得成功的重要因素。"多元"就是要有多元化的产业和区域来支撑城市发展,港口城市要结合资源禀赋和区位优势,明确主导产业和特色产业,逐步形成横向错位发展、纵向分工协作的发展格局。港口地区大都实行地主港管理模式和民营化经营模式,政府在开发经营上予以高度支持,给予港口码头运营商极大的经营自主权,资源配置完全以市场为导向。如美国纽约—新泽西港除了经营管理港口设施外,还拥有土地开发利用权、土地和建筑物的出租权及税收优惠的权利,基本上不需向政府纳税,也不需要上缴利润,所有收入全部用于港口发展。在实施多元化战略中,港口地区重视范围经济,在产业层面依托区位优势和核心主业,重点发展关联度高的临港产业和临港物流中心、配送中心、分拨中心,形成环环相扣、相互依存的产业链条;同时满足用户的柔性化需求,开展高效的增值服务和延伸服务,拓展港口功能,使港口成为商流、物流、资金流、信息流、技术流和人才流的汇聚中心。

"集约"就是要划定各类主体功能区边界,在承载力较强的地区,形成城市化与城市发展聚集效应与规模效应,科学规划城市空间布局,树立"精明增长、紧凑城市"理念,以主体功能区规划为基础统筹各类空间性规划,推进"多规合一",实现集约节约利用土地、水、气候等资源,不断提升城市空间的内涵与质量。合理的城市产业和形态布局是城市集约化的集中体现,也是城市可持续发展的体现。优化产业布局的核心是要坚决实施发展第三产业、弱化第二产业的战略,从提高中心城区土地产出率、减少污染排放和运输量的角度调整工业布局。可持续发展要求既重视数量增长又重视质量提高,力求经济增长和经济收益变异性最低,保证经济持续、稳定、协调发展。节约资源,提高资源利用效率,实现可持续发展,是实行增长集约化的出发点,也是其落脚点。中心城市总体功能、中心城区各片都要从可持续发展的高度,合理确定各自功能定位,防止结构与功能雷同,减少重复建设,提高空间资源总体利用效率。

(三)渐进一体化

区域一体化是城市空间发展形态,是建立在区域分工与协作基础上,通过生产要素区域流动,推动区域整体协调发展的过程。"渐进"就是要尊重城市发展规律,承认城市发展是一个自然历史过程,有其自身规律,城市和经济发展两者相辅相成、相互促进,汲取一些港口建设超前失控的教训,适时逐步地推进港口发展与城市发展。从经济理论和社会进步动力系统理论看,区域一体化有创新和互补两大基本动力。法国经济学家佩鲁认为,区域内在空间上集聚的一组产业综合体构成增长极,它是推进型部门,其本身具有较强的创新力和增长力,通过外部经济和产业关联乘数扩大效应,将其动力和创新成果扩散到广大腹地,使整个体系通过增长极带动,呈现跳跃式增长。区域发展梯度理论认为,地区间发展水平差异形成发展梯度。创新主要源于高梯度地区,逐步由高梯度地区向低梯度地区推移,这将自发形成互补型地区分工体系。

在纵向上,港口与供应链上下游(如腹地工业、物流公司、船公司、公路铁路、经销商、用户等)形成以港口码头为供应链核心节点的有机整体,通过港矿联盟、港航联盟、港铁联盟、港区联盟、建立内陆无水港等形式,统一调配资源,实现供应链各环节无缝衔接,提供更加精细的作业和敏捷的服务,使港口运输功能更加丰富和有效,满足市场和用户对港口差异化服务的需求。在横向上,顺应经济一体化要求,港口不再作为孤立的运输关口独立经营,而是与区域乃至世界各地的港口形成战略联盟,优势互补、共享资源、联合经营、协同发展。港口还积极尝试内部一体化,如新加坡港将码头装卸、堆场、仓储、运输、包装等环节的单一经济活动集中为"一条龙"经营,提高了服务质量和效率。在港城一体化上,港口地区对城市发展的基础和动力作用、城市对港口发展的支撑和载体作用较为明显。

(四)人文绿色化

港口是人类活动的产物,是水陆联运的集结点和枢纽,供船舶安全进出和停泊,是工农业产品和外贸进出口物资的集散地。"人文"就是在区域空间优化过程中要传承地域特色文化,彰显城市人文精神,留住城市发展的"魂"。要结合自己的历史传承、区域文化、时代要求,打造自己的城市精神,对外树立形象,对内凝聚人心。港口环境和生态保护受到越来越多的人关注,建设生态绿色港口,推动港口可持续和谐发展成为世界港口发展的趋势。临港地区发展只有与所处地区的资源环境承载能力相匹配,才能实现循环发展、低碳发展和永续发展,留住城市的"根",把握好生产空间、生活空间、生态空间的内在联系,建生态宜居的城市体系。

随着世界各地城市化进程的推进和全球经济发展对运输需求的不断增长,交通运输作为国民经济的基础产业,逐渐暴露出许多问题,运输车辆日益增多、大排量汽车比例上升导致汽车尾气排放骤升等,这与低碳环保的经济理念是相悖的。水运虽然较公路、铁路等运输方式更节能和环保,但同样会对土地资源、水资源等自然资源带来压力。因此,低碳环保经济模式下社会越来越重视绿色交通方式。绿色港口是环境污染小、能源利用率高、综合效益大、发展潜力好且可持续发展的港口。绿色港口把港口发展和资源利用、环境保护和生态平衡有机地结合起来,可以做到人与环境、港口与社会和谐统一、协调发展;既要确保发展的速度,又要注重发展的质量和效益,成为走资源消耗低、环境污染少的可持续发展之路的港口。随着国内外对环境保护的日益重视和对水运可持续发展要求的不断提高,绿色港口无疑会成为国内外港口发展的最终选择,成为港口未来的发展方向。

三、空间结构优化的基本路径

(一)从增量扩张到存量优化

国内外城市发展经验表明,"摊大饼"圈层模式适合于早期城市发展,对于发展到一定阶段的大城市来说,这种模式已被证明是一种低效的城市扩展方式;而轴向发展与点—轴模式适合处于经济较为发达阶段的区域或城市的发展和扩张。当前,我国大城市正处于城市人口高速增长,地域空间不断向郊区扩张的高速城市化与郊区化并存的发展阶段。这一时期,特别需要注意合理引导城市开发布局,要逐步实现城市开发布局由"摊大饼"式的粗放型扩张,向点—轴式的集约型扩张转变,避免中心城区空心化和新城区松散化,完善周边卫星城市的开发和建设,通过外围城市的发展来优化城市人地关系协调发展。具体来说,一方面,要加快城市快速道路系统、主干道网络以及城市轨道交通建设,构建城市发展的轴线;另一方面,要加快城市外围小城市建设,通过便捷的交通、优良的生态环境和较低的生活成本来吸引中心城区人口、产业的转移,大量疏解中心城区人口、土地和工业压力,最终形成点—轴式的城市开发空间布局,推动大城市的集约发展。

(二)从空间建设到空间治理

港口是一个国家对外开放最前沿的窗口,是综合运输大通道的节点,是沟通国内与国际经济往来的重要枢纽。新中国成立之初,中国便开始恢复港口建设,1978 年改革开放之后,特别是伴随 14 个沿海港口城市的进一步对外开放,港口建设更是进入了高速发展时期。港口的建设数量、规模、吞吐量以惊人的速度增长,临港工业迅速发展,空间不断扩大。我国虽然已经是一个海运大国,但还不能算是海运强国。从发展趋势看,各港口之间以水深、泊位、设备为核心的竞争优势差距越来越小,港口的核心竞争优势将由港口的规模和等级逐渐转向港口的功能开发与拓展。随着我国经济发展方式的转变,传统港口需求增长空间明显减小,高端服务需求及其对港口的增值空间却不断加大。沿海港口应顺应世界港口发展趋势,向港口服务的物流化和高端化发展,并从被动顺应向主动适应转变。向港口服务的物流化发展,就要加快形成港口与供应链上下游以港口码头为中心的有机整体,实现供应链各环节的无缝衔接,为用户提供更加精细、更为迅速、更为安全的服务,以满足对港口物流一体化的需求。向港口服务的高端化发展,就要将港口服务功能向航运金融、航运保险、航运信息、载运工具经营与管理等高端航运服务业扩展,这是未来国际航运中心发展的战略制高点,是增强港口对全球性航运资源配置和控制力的有效途径和必然选择,也是突破当前港口城市发展困局的重要途径。

(三)从大规模拆旧建新到空间提质增效

城市地域空间的扩展,往往表现为人口、经济由中心城区向近郊转移和集聚的过程。在这一过程中,要正确地协调好中心城区与周边卫星城市开发之间的关系,严格控制中心城区的规模,完善周边重点城市的基础设施建设,防止城市的无序蔓延和过度扩展。要构建限制城市用地外延式过度扩张的经济屏障,使得外延式扩张的成本高于内部挖潜的成本,城市建设用地增量的诉求从原有的占用耕地转向整理城市建设用地,顺利实现城市用地布局的合理化和集约化,提高城市土地利用效益。同时,要加快旧城改造和新城建设步伐。旧城区的改造,要着力于旧城区生态环境建设和交通条件的改善。要挖掘旧城区已开发土地的潜力,注重对一些旧居住区、厂房、仓库等的改造利用。新区的规划建设,要改变功能单一、综合配套设施不完善的局面,加快邮电、银行、医院、交通等基础配套设施的规划建设,形成设施完善、环境优美的卫星城市,吸引城市中心人口、产业的迁入,缓解中心城区紧张的人地关系。由于城市土地级差收益客观存在,因此在城市产业空间布局中应充分考虑城市的土地空间效益,力求最大化。一般来说,城市核心区收益最高,边缘区次之,郊区最低;从产业角度来看,第三产业附加值最高,第二产业次之,第一产业最低;从投入—产出的效益来看,最理想的城市产业结构布局是将高附加值的第三产业布局在中心城区,将中心城区的其他产业向郊区或周边县市转移。在这一过程中,尤其要加快中心城区第二产业的转移步伐,一方面,通过第二产业的转移置换大量的城市土地,既可以用于金融、保险、房地产等第三产业的发展,促进城市经济快速增长,增加就业岗位,缓解城市就业压力,也可以用于中心城区居住环境与交通条件的改善;另一方面,大量产业向郊区转移,能够带动郊区社会经济发展,推动城乡经济一体化建设,改善城乡二元人地关系结构。

(四)从单一功能到低碳化、生态化复合型

生态城市,这一概念最早是在 20 世纪 70 年代,在联合国教科文组织发起的"人与生物圈"计划研究过程中提出的。中国学者黄光宇教授认为,生态城市的原理是根据生态学原理综合研究城市生态系统中人与住所的关系,并应用科学与技术手段协调现代城市经济系统与生物的关系,保护与合理利用一切自然资源与能源,提高人类对城市生态系统的自我调节、修复、维持和发展的能力,使人、自然、环境融为一体,互惠共生。生态城市的发展目标是实现城市中人与人、人与自然环境之间的和谐共生,构筑以人为本的城市生态系统;而城市人地关系空间结构优化的目标是促进城市人地和谐发展,提升城市人居环境品质,两者具有异曲同工之处。在大城市的规划建设中,要以生态城市建设为目标,依据城市的山水空间结构,科学合理地制定城市生态环境总体规划,塑造与自然环境相适应的山水生态城市。加强城市工业和生活污水治理,积极开展重要河流及水域的生态修复和治理工程,建造良好的城市水环境;要加强城市基础设施建设,通过建设生态工程、绿化工程、城市形象工程,积极发展城市公共绿地,提高绿化覆盖率,推动城市人居环境建设;开展多样的城市环境保护宣传和教育活动,增强居民的生态环境保护意识。

第四节 研究的内容及方法

天津港事件后,推进临港区域空间结构优化,合理布局化工区尤为紧迫。本书着重基于地理学视角对镇海区空间结构的历史沿革、空间布局调整及发展趋势进行了较为系统的梳理,把握镇海区临港区域空间结构的演化规律和发展方向;通过对临港区域空间结构发展的动力机制的研究,深入探讨镇海区临港区域空间结构发展的动力机制,从滨海产业空间结构、城市功能空间结构、城市生态空间结构以及外围组团九龙湖—澥浦空间结构优化四个主要方面提出镇海区合理的临港区域空间结构,以优化城市整体布局,构造安全的、集约的、绿色的、可持续发展的城市发展空间,提出优化镇海区城市空间发展的途径,更好地指导城市建设。

一、研究的内容

全书共分为八章。

第一章,顺应发展诉求,把握临港区域空间优化趋势。主要介绍了课题研究的背景与意义、相关概念界定及理论基础、临港区域空间优化的影响因素,分析了临港区域空间优化的目标和方式。

第二章,梳理演变历史,正视发展现状。对镇海区空间形态演变进行了系统的梳理,分析了工业空间、生产空间和生态空间现状,存在的问题及原因。

第三章,明确优化思路,完善空间结构。综合分析临港区域发展面临的新形势与新要求,提出坚持"五个结合",实施"五大战略",基本实现"三生"空间即生产、生活、生态空间协调发展、产城空间融合发展和功能空间安全发展的新局面。

第四章,优化产业空间结构,构筑区域安全格局。对镇海区产业空间布局和产业结构进行分析,探寻所存在的问题并剖析原因,利用安全距离法和ALOHA(areal locations of hazardous atmospheres)危害区域模拟技术对镇海区产业空间布局进行风险分析;并对镇海区产业空间布局提出一些建议。

第五章,优化城区空间结构,推进"双核协同"。分析了镇海区从单核驱动到两核协同的发展历程,随着镇海东部新城的快速推进,镇海区城市功能不断提升,老城实现有机更新,同时不断强化与新材料科技城的协同发展,促进资源合理配置。

第六章,优化生态空间结构,建设美丽新镇海。分析了镇海区生态空间现状及问题,提出构筑生态安全屏障,强化生态环境治理等建议。

第七章,优化外围空间结构,推进组团发展。分析了九龙湖—澥浦空间演变历史及存在的问题,提出两地组团发展,充分依托各自的自然条件、资源禀赋、产业优势、人文基础,明确城市发展的目标和要求,打造卫星城市的建议。

第八章,坚持规划统筹,强化多重保障。分别从强化理念保障、强化规划统筹、强化制度保障和强化要素保障四个方面提出了相应的政策保障措施,以期为镇海空间结构优化发展提供支持。

二、研究的方法

(一)文献研究法

文献研究法主要指搜集、鉴别、整理文献,并通过对文献的研究形成对事实科学认识的方法,文献研究法是一种传统而又富有生命力的科学研究方法。文献不仅包括图书、期刊、学位论文、科学报告、档案等常见的纸质印刷品,还包括有实物形态的各种材料。20世纪90年代以后,随着我国对外开放政策和沿海地区优先发展战略的实施,东部沿海港口城市飞速发展起来,成为我国经济繁荣的重要支撑点,港口在沿海城市经济发展中的显赫作用开始受到关注,国内外学者从多角度对港城关系进行了系统的分析和探讨,形成了丰富的港城关系研究文献。通过查阅国内外港口城市发展的相关文献资料,可以了解港口城市的发展历程以及阶段特征,并归纳整理出港口与城市空间发展的关系,探究港口与城市空间互动发展的规律,优化空间结构。

（二）调查研究方法

为了更深入地了解与掌握港口城市空间发展的最新情况,也为了弥补文献研究方法的不足,本书特别重视运用调查研究方法。课题组先后赴镇海区商务局、镇海区发改局、镇海炼化公司、宁波港集团等单位开展实地调研,与有关专家共同分析镇海区城市空间发展过程中存在的问题,探讨问题产生的原因及改进办法。

（三）空间分析法

空间分析法就是利用计算机对数字地图进行分析,从而获取和传输空间信息。空间分析对空间信息(特别是隐含信息)所具有的提取和传输功能已经成为地理信息系统区别于一般信息系统的主要功能特征,也成为评价一个地理信息系统功能的主要指标之一。空间分析是基于地理对象的位置和形态特征的数据分析技术,是各类综合性分析模型的基础,为人们建立复杂的空间应用模型提供了基本工具。地理信息系统以数字世界表示自然世界,具有完备的空间特性,可以存储和处理不同地理发展时期的大量地理数据,并具有极强的空间信息综合分析能力,是地理分析的有力工具。因此,地理信息系统不仅要完成管理大量复杂的地理数据的任务,更为重要的是要完成地理分析、评价、预测和辅助决策的任务。发展广泛的适用于地理信息系统的地理分析模型,是推动地理信息系统真正走向实用的关键。随着港口与城市空间的快速发展,利用先进的地理信息系统（Geographic Information System,GIS)和城市模拟技术建立城市空间增长模拟模型,是促进城市理性发展、提高政府决策水平的途径之一。城市系统随着社会经济发展技术的进步而日益复杂,城市社会、经济结构复杂化。城市模拟通过对城市系统的抽象和简化,在城市微观社会、经济数据基础上模拟出城市发展动态过程与不同政策实施下城市的未来发展形态。随着我国城市的快速发展,传统的城市规划技术和方法已经远远不能适应城市管理、决策等各种问题的需求,因此将城市模拟引入城市规划过程并辅助城市规划成为当前我国城市规划部门的紧迫任务。

（四）对比分析法

对比分析法也称比较分析法,是对客观事物加以比较,以达到认识事物的本质和规律并作出正确评价的方法。对比分析法通常把两个相互联系的指标数据进行比较,从数量上展示和说明研究对象规模的大小、水平的高低、速度的高低,以及各种关系是否协调。港口与城市空间互动发展需要运用纵向对比分析法,把港口与空间变化当作一个连续的过程,在动态变化过程中分析港口与城市空间之间、产业与城市空间之间、生态建设与城市空间之间相互影响和彼此制约的关系,从而客观、全面、系统地研究港口城市空间的运动、变化和发展过程。

（五）定性与定量分析法

定性是用文字语言进行相关描述,定量是用数学语言进行描述,定性分析与定量分析应该是统一的,相互补充的。定性分析方法亦称非数量分析法,是主要依靠预测人员丰富的实践经验以及主观的判断和分析能力,推断出事物的性质和发展趋势的分析方法,属于预测分析的一种基本方法。常用的定性分析方法包括归纳分析法、演绎分析法、比较分析法、结构分析法等。定量分析法是对社会现象的数量特征、数量关系与数量变化进行分析的方法。常用的定量分析方法包括回归分析、时间序列分析、决策分析、优化分析、投入产出分析等方法。

（六）个案研究法

个案研究是针对单一个体在某种情境下的特殊事件,广泛系统地收集有关资料,从而进行系统的分析、解释、推理的过程。在大多数情况下,尽管个案研究以某个或某几个个体作为研究的对象,但这并不排除将研究结果推广到一般情况,也不排除在个案之间作比较后在实际中加以应用。本书把镇海区临港区域空间优化作为个案进行分析,通过查阅统计数据建立分析计算的数据库,在此基础上,在计算机中运用 SPSS 统计分析及 GIS 空间分析方法对数据进行综合分析,提出科学和可行的对策建议。

第二章　梳理演变历史,正视发展现状

　　任何现实都是历史发展的一种结果,城市作为一个极其复杂且处于动态变化之中的系统,其成长和发展是自然与人类创造共同作用的结果。了解城市发展的历史过程对于摸清城市建设本底、指引城市未来发展方向起到重要的启示作用。新中国成立以来,因政治和经济建设等因素,镇海建置更迭与县境变化甚频,其城市化建设也经历了从无到有、从小到大、从单中心到多核协同的过程。本章将从城市空间发展角度,对镇海区的城市演变过程和发展现状进行分析评述。

第一节　演变历程

　　城市空间的发展与演化是一个长期、动态和高度不可逆的过程,其形态、结构和功能的特征与城市自身具备的自然条件、区位条件、社会经济条件和人文条件息息相关,是城市形成与发展过程的综合反映。分析城市空间演变的历史过程是城市地理学和城市规划学研究的重要内容之一,研究不仅有助于从整体上把握城市空间的演化脉络,更能够帮助人们揭示城市空间发展背后的作用机理,从而更好地探讨未来城市发展。

一、镇海区概况

(一)自然资源条件

镇海区地处宁绍平原东端,地形狭长,以平原为主,境内河道纵横交错,地势平坦,具有典型的江南水乡特色,包括镇海城关、骆驼、庄市、贵驷、澥浦等镇,与江北区联为一体,为全新世冲积、海积平原。西北端地势较高,为低山丘陵,属四明山余脉,高程为 100～400 米,分布于本区西北的河头、九龙湖镇。全区土壤分低山丘陵、滨海平原和水网平原三种地带性土群,土壤总面积 7.25 万公顷。低山丘陵,包括山旱地、山垄地、山坡地共 3.60 万公顷,占全区土壤面积的 49.7%;滨海平原,江北起自官塘路,江南以石高塘、王公塘为界,形成南北两块弯月形状海相堆积平原,面积 2.11 万公顷,占全区土壤面积的 29.1%;水网平原,处低山平原与滨海平原之间,面积为 1.54 万公顷,占全区土壤面积的 21.2%。

镇海区属中亚热带常绿阔叶林亚地带,浙闽山丘甜槠木荷林区。历史上森林屡遭摧残,原始植被几乎绝迹,取代者为针叶林、阔叶林、灌丛、草丛等次生植被及人工引种植被。沿海滩涂草本植被,总长约 89.7 千米,滩涂塘堤两岸芦苇丛生,塘下滩涂尚有三棱蘸草、盐田碱蓬、小飞蓬等,草本植被覆盖率为 40%～70%。沿海丘陵针叶林占全区林地(2.06 万公顷)的 90%,暖性针叶林主要有马尾松、黑松和杉木,其中马尾松达 1.27 万公顷;温性针叶林主要有柳杉、金钱松等,仅少量分布。沿海丘陵阔叶林,现存多为次生类型,主要有石栎、青冈、苦槠、枫香、木荷、赤皮椆、红楠等,多分布在杨岙和招宝山。沿海平原竹林植被,常见的有香樟、木荷、杉木、毛竹,其中沿海咸地的哺鸡竹为镇海特产。

镇海区属亚热带季风气候区,四季分明,光照充足,雨量充沛但时空分布不均。年平均气温为 16.3℃,年际变化一般为 15.8～16.8℃,常年以 7、8 月最热,月平均最高气温为 31.6℃,1 月份为最冷月,月平均气温为 2.3℃。历年平均日照时数为 1907.2 小时,年日照率为 42%,月日照时数以 8 月最多,达 244.7 小时,日照率为 60%,2 月最少,为 104.3 小时,平原地区日照时数大于丘陵地区。镇海区气候总体温和湿润,雨量充沛,多年平均径流总量为 5.087 亿立方米,由于地表拦蓄能力不足,降水季节大量径流被排入海中。少雨季节,河道水位骤降干涸,农田容易受到旱灾影响。镇海濒临东海,沿海每年 8 至 9 月有 2～3 次台风,风向以东北为主,伴有暴雨、风暴潮。历史上台风风速极值达 40 米/秒以上,甬江口潮位极值达 4.97 米。甬江口潮位属非正规半日潮,涨潮、落潮时间大致各为 6 小时,但潮汐受上游姚江大闸放水、奉化江洪水、台风以及平时多种天气变化影响,涨落潮历时不规则。镇海最大潮差为 1.9 米,平均潮为 1.75 米;表层平均涨潮流速为 69 厘米/秒,平均落潮流速为 58 厘米/秒。镇海附近出现的海浪有风浪、涌浪和混合浪三种类型,但以混合浪为主。海面出现海浪波高平均值为 0.5～0.8 米,最大波高 1 米左右,周期为 3.0～4.0 秒,浪向多偏东。冬季海面经常出现 8～10 级偏北大风,由此产生偏北大浪,涌浪平均波高 0.5～2.5 米,最大波高为 1.0～3.0 米,周期为 4.5～6.0 秒。

(二)交通区位条件

镇海区位于宁波东北部的东海之滨,属经济发达的长江三角洲南翼,东临舟山群岛,西连宁绍平原,南接北仑港,北濒杭州湾,区位优势明显,素有"浙东门户""宁波咽喉"之称,自古以来一直是对外交往的主要口岸,系海上丝绸之路的始发地之一。镇海优越的河口港条件及其在长三角重要的战略地理区位为城区的兴起和发展奠定了天然基础。近年来,杭州湾跨海大桥、舟山连岛大桥相继建成通车,绕城高速、东外环、北外环、世纪大道、杭甬复线高速等道路基础设施建设已在"十二五"期间相继完成,轨道交通 2 号线也于 2015 年完成一期工程,尤其是物流枢纽港建设,更加强了镇海的水路、铁路、公路疏运能力,四通八达的快速交通运输网基本形成。依托桥、陆、轨的三位一体化建设,镇海由交通末端一跃转变为宁波市—长三角南翼"一环六射"交通枢纽节点,形成了全域城市化框架发展的格局。

桥:随着舟山连岛大桥的建成,镇海已发展成为交通枢纽、桥头堡;作为镇海新城通往东部新城的跨海桥梁——院士桥,建成后将使镇海新城与东部新城的联系更加密切,同时为两江岸的城市发展带来契机。

陆:宁波绕城高速的全线贯通使镇海与宁波城区的融合更加紧密,串联杭甬、甬金、甬台温、杭州湾跨海大桥、舟山连岛大桥和象山港跨海大桥,使宁波各条高速实现互通,镇海已全面融入沪杭甬"2 小时商圈"。绕城高速、东外环路、北外环路的三方包围为镇海在宁波打开了交通新格局;常洪隧道收费的取消打通了宁波与镇海的交往脉络。

轨:地铁 2、3、5 号线贯穿镇海。2 号线横穿镇海,连接宁波机场,直达港口;3 号线途经澥浦、骆驼,通向宁波城区,目前宁杭甬高铁庄桥站已建设完毕;5 号线路经庄桥、北高教园区、骆驼,促进了镇海"大交通"框架的形成。宁杭甬高铁检测车驶入宁波庄桥站,标志着更高质量、更完善交通的镇海客运服务已辐射镇海,最高速度的交通时代已经来临。

(三)人文条件

镇海辖区历史悠久,人文渊薮,有着丰厚的海洋文化底蕴。镇海于宋代开始对外贸易,是海上丝绸之路的起碇港之一,此后历经战争硝烟的洗礼。

19世纪以来,一批批镇海人漂出甬江口,弄潮于世界经济舞台,镇海成为"宁波帮"重要的发源地。商帮人才济济,头面人物层出不穷,如包玉刚、邵逸夫、赵安中、傅在源等商贾巨子都是从镇海出发,旋舞世界。目前,约有1.05万镇海籍"宁波帮"人士定居港澳地区。这些乡贤爱国爱乡,造福桑梓,为推动镇海的经济社会发展做出了积极贡献。

镇海是全国著名的"院士之乡"。近百年来,这片土地孕育出了29位"两院院士"(中国科学院和中国工程院)。镇海籍院士所从事的科学研究领域十分广泛,他们在分子生物、中西医药、微电子、地球化学、放射化学、理论物理、物理数学、核物理、空气动力、机电、机械工程、信息工程、电磁场和微波等众多领域做出了系统的、创造性的贡献。此外,镇海被誉为"书画之乡",其培育了贺友直、华三川、陈逸飞等蜚声海内外的著名书画家。

镇海人文古迹众多,文化积淀深厚。招宝山挟江临海、瑰丽夺目,见证了镇海近千年来的成长与发展。自明清以来,镇海历经四次反抗外来侵略的战争,留有大量可歌可泣的光辉史迹和丰富珍贵的海防遗迹。这是镇海人民热爱祖国、不畏强暴、抵御外来侵略的历史见证,是中华民族不可多得的优秀文化遗产和宝贵的精神财富。镇海口海防遗址被列为全国重点文物保护单位和全国百家爱国主义教育示范基地。镇海拥有全国著名古寺——宝陀禅寺,该寺始建于元丰三年(1080年),于嘉靖三十六年(1557年)迁于镇海,几经修缮,已成为佛教信徒的朝拜之地。镇海还拥有叶氏义庄、包玉刚故居、邵逸夫旧居、郑氏十七房古建筑群等宁波商帮名人遗迹,体现了宁波商人的文化精神。敢于拼搏的海防文化、敢闯世界的海丝文化、开拓进取的商帮文化等传统特色文化,构成了具有镇海特色的文化环境。

(四)社会经济发展条件

建区30余年以来,镇海区沐浴着改革开放的春风,积极迎合全球经济一体的大潮流,依托自身的港口和区位优势,社会经济持续快速发展,显示出巨大的活力和潜力,已成为宁波市乃至浙江省最具增长潜力的经济强区之一。镇海区现辖4个街道2个镇,分别是招宝山街道、蛟川街道、骆驼街道、庄市街道、澥浦镇以及九龙湖镇,共有33个社区居委会和58个行政村。截至2015年年底,镇海区户籍人口为231656人。

1.综合经济实力大幅跃升

如图2-1所示,2006—2015年,镇海区地区生产总值屡创新高,年均增长24%。其中,2015年,镇海区的地区生产总值达到663.28亿元,较上年增长 2.7%，占整个宁波大市的 8.28%。分产业看，第一产业增加值为 6.64 亿元，增长 1.4%；第二产业增加值为 473.55 亿元，增长 7.5%；第三产业增加值为 183.09 亿元，增长 10.2%。三次产业比重由 2014 年的 1.0：73.7：25.3 调整为 2015 年的 1.0：71.4：27.6。按户籍人口计算，2015 年镇海区人均地区生产总值达到 155411 元。另外，镇海的区属经济实力也稳步提升。2015 年，区属实现地区生产总值 376.22 亿元，按可比价格计算，比上年增长 8.5%。其中，第一产业增加值为 6.64 亿元，增长 1.4%；第二产业增加值为 186.49 亿元，增长 7.6%；第三产业增加值为 183.09 亿元，增长 10.2%。三次产业的比重由 2014 年的 1.8：52.0：46.2 调整为 2015 年的 1.7：50.6：47.7。全年全区实现财政总收入 102.00 亿元，比上年增长 8.2%。其中，一般公共预算收入为 58.92 亿元，增长 9.8%；在一般公共预算收入中，地方税收收入为 45.75 亿元，增长 6.4%。完成一般公共预算支出 60.30 亿元，比上年增长 21.4%。

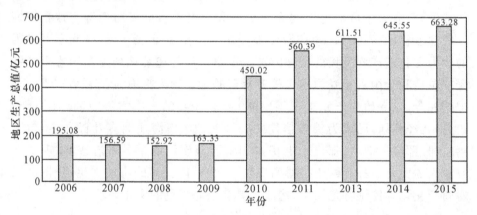

图 2-1　镇海区 2006—2015 年地区生产总值变化情况

注：2012 年的数据无法获得。

2. 优势产业的集聚效应明显

20 世纪 70 年代，镇海凭借自身的区位优势和河口港建设条件，在国家有关部门的支持下，引入镇海炼油厂（现为中国石油化工股份有限公司镇海炼化分公司）、镇海发电厂（现为浙能镇海发电有限责任公司）等一系列的临港工程，为镇海的工业发展奠定了良好基础。1985 年，镇海撤县建区，正式跻身全国产业战略规划布局的宏大版图，在现有优势产业的基础上，镇海区紧抓机遇，开拓市场，逐步引入石化、装备制造业等一系列大项目、大工程，初步形成了以石油化工、装备制造、临港物流和海洋工程建筑业为特色的现代临港产业体系。近年来,镇海区通过大力促进临港型石化产业综合发展,延长和拉伸产业链,产业集中度进一步提高,以支柱产业为核心的产业聚集发展态势良好,园区经济方兴未艾。2002年11月,宁波化工区管委会成立。2010年12月,园区经国务院批准成为国家级开发区,定名"宁波石化经济技术开发区"。如今,镇海已逐渐确立了华东重要的能源化工基地的地位,已基本形成了化工、机电、高科技、物流等产业聚集群,综合实力不断增强,经济规模不断扩大。2015年,全区工业总产值达2292.23亿元,其中规模以上工业企业实现工业总产值2186.61亿元。

　　3.新兴战略性产业环境正在孕育

　　近年来,镇海区以国家宏观经济政策为导向,以调整产业结构、加快转变经济发展方式为主线,围绕自主创新和产业结构优化升级两大主攻方向,加强新兴战略性产业的培育和发展。通过政府引导、以企业为主体的相关政策的实施,以及创新要素向优势产业、新兴产业的聚集,推动了科技企业孵化器的建设,培育了一批自主研发、联合创新和成果转化突出的科技示范型企业;通过园区自建、院所共建、利用依托高校实验技术平台等三大途径,搭建产业化支撑服务平台。依靠上述措施,镇海已初步形成创新源—创业孵化—产业化转化梯度发展的创新链,初步建成了产、学、研一体化发展,科技成果、研发、中试、孵化、产业化和项目信息交流的集散中心。2015年年底,全区拥有市级院士工作站6家,高新技术企业85家,区级科技(科普)示范基地13家,科技型企业166家,企业工程技术中心166家。2015年,战略性新兴产业和高新技术产业分别实现增加值42.36亿元和76.29亿元,占工业增加值的比重分别达到28.9%和52.2%。

　　此外,镇海区的科技创新实力也逐年增强。2010年,由镇海区人民政府与宁波大学、宁波工程学院、浙江纺织服装职业技术学院和中科院宁波材料技术与工程研究所联合共建的创新平台——宁波市大学科技园晋升为国家级大学科技园。从2012年开始,镇海推进清华校友创业创新基地、中科院大连化物所国家技术转移中心宁波中心、中科院宁波材料所初创产业园、西安电子科技大学宁波信息技术研究院和产业园、国际应用能源技术创新研究院等五大创新平台建设。目前五大平台架构已全部搭建完成,各平台累计引进企业116家,累计注册资金7亿元,申请各类专利24个,授权专利22个,通过平台向镇海区企业输出科技成果交易额达2.75亿元,2015年实现销售总额超过1亿元。

二、城区空间形态演变的历史

镇海区区域原系镇海县甬江以北地区,历史悠久,其境内人类活动遗迹最早可追溯至新石器时代。据《镇海县志》记载,春秋末期越国建国后,镇海区境域几经变更,区域调整和城市建设历经 4000 多年。在漫长的历史岁月中,镇海主要以聚落式的村镇空间分布为主。新中国成立后,特别是在 20 世纪 80 年代,随着沿海改革开放政策的深化实施,镇海在港口经济发展的带动下逐渐走上了现代化城市建设的道路。本部分主要分析新中国成立以来镇海区空间形态发展演变的历程。

阶段一:村镇聚落的自在式发展阶段。

镇海历来是海防要地,在抗日战争和解放战争期间,均经历了惨烈、悲壮的战役。新中国成立后,镇海辖区内(当时为镇海县)百废待兴,工业基础十分薄弱,称得上近代工业企业的仅有一家九丰纱厂和一家盛滋记酒厂,其余多为农副产品加工、手工业作坊和个体工匠。1950 年,全县范围内开展土地改革,按照土改法,全县共没收、征收土地 20740 公顷,其中征收工商业者土地 919 公顷,约占总征收土地面积的 4%。棉花曾是镇海最主要的经济作物,全县棉花种植面积保持在 4600 公顷左右,约占耕地面积的 16%,是全省棉花生产先进典型,曾三次派代表出席全国棉花生产会议。总体来说,当时的镇海以农业为主,城镇的空间形态主要依托村镇聚落式发展,除了县老城区外,基本没有成片开发建设的土地。

随着镇海辖区内人口的不断增长,城市的空间也逐渐扩大,其空间成长的模式基本上以原老城区为中心,逐步向外扩张,发展十分缓慢。

阶段二:港口带动下的沿江发展阶段。

在国家各级部门的关怀和支持下,国家重点工程宁波港镇海港区、镇海炼油厂、镇海发电厂、宁波海洋渔业基地四大工程相继启动,这为镇海带来了经济崛起的契机。随后,国家对外开放的政策方针又为原来镇海籍的港澳台同胞和海外侨胞报效故里、投资建厂提供了良好契机。凭借得天独厚的港口优势,镇海适时作出了依托大工程、侨乡和港口三大优势发展地方经济的重要决策,大力发展临港型工业和外向型经济,开发仓储业、集装箱业、水陆集疏运输业、船舶修造业等地方配套产业。随着这些大产业、大工程的落地,镇海辖区的空间利用呈现出显著的变化。一方面,原来的农用地、耕地被征收转换为工业用地,产业空间得到扩展;另一方面,镇海港的建设也使得镇海的产业空间向海塘方向扩张,根据镇海港区的整体布局,镇海对从招宝山开始到澥浦岚山段海塘进行全线围垦,这为后续的镇海炼化、宁波港集团、宁波化工区、煤炭市场企业的落户,缓解辖区内土地资源稀缺的矛盾提供了有力的支撑。与此同时,这些临港大工程、大产业的建成也成了镇海经济发展的增长极,极大地促进了人气集聚,为镇海港区周边的居住生活空间的建设奠定了基础。

阶段三:临港向腹地扩展阶段。

自 1974 年镇海港规划建设伊始,经过近十年的发展,镇海的工业发展已颇具规模。随着 20 世纪 80 年代初期国内掀起建设经济技术开发区的热潮,出于统筹规划、加强管理以及紧跟国家政策的需要,宁波启动了对镇海县的行政区划调整工作。1985 年 10 月,根据国务院文件(国政字〔1984〕99号),镇海正式撤县设区,原镇海县以甬江为界一分为二,以北为镇海区,以南为滨海区(1987 年改成北仑区)。区划调整后的镇海区面积从 807 平方千米缩减为 214 平方千米,人口从 50 万人减为不到 20 万人。"瘦身"后的镇海继续发挥港口、大工程、侨乡三大优势,按照"小而精、小而特、小而优"的战略,遵照"全心全意服务大工程建设,千方百计争取大工程支持"的定位,推进国家重点工程的建设。1987 年 5 月,镇海港建成全国首座散装液体化学品专用码头,并投入使用;1988 年 8 月,镇海港 4 号泊位竣工;1990 年 9 月,镇海与香港龙翔化工有限公司合建的宁波海翔液体化工仓储有限公司竣工投产。临港产业的建设和发展带动了城市建设不断向腹地扩展,城镇用地得到进一步优化,与临港产业配套的通信导航、供电、供水、港机厂、新村、医疗门诊部、幼儿园、托儿所、职工俱乐部、电影院等基础设施不断完善,极大地丰富了港口区域居住生活空间。

阶段四:新形势下的组团式发展阶段。

进入 21 世纪,镇海区在临港大产业、大工程的运营和支撑下,迈入了工业强区的行列,成为名副其实的工业重镇。然而,随着国际经济形势的变化以及人们对生存环境质量追求的不断提高,镇海区前期跨越式建设、重工业领航的发展思路面临着严峻的挑战。一方面,由于早期缺乏统一详细的产业规划和土地利用规划,临港区域的土地基本开发利用完毕,已无后续扩展的空间;另一方面,由于辖区内石油、化工产业众多,随之而来的污染问题也越来越严重,生态环境质量日益堪忧,严重地影响着人们的生活健康以及经济发展。在此背景下,镇海区着力于优化镇海城乡空间布局,转型提升滨海产业带,使整个镇海区城市空间结构呈圈层式布局,形成以城市发展带、滨海产业带和生态涵养带为空间形态,以骆驼—庄市组团、招宝山—蛟川组团、九龙湖—澥浦组团、临港产业组团为四大融合型发展组团的"三带四组团"空间布局。在城市功能区块建设方面,镇海将基于现有基础,以功能有机结合、空间有效对接、环境有力承载为指导思想,着力打造特色功能强、产出效益高、整体形象好,相互对接的九大产城融合型功能区块。此外,镇海区建成了单条宽度在 200 米以上的海天、镇骆、雄镇、清风和绕城 5 条生态防护林带,总面积达到了 962 公顷。近两年来,新增绿地 344.4 公顷,全区森林覆盖率达到 27.7%,人均公共绿地面积达 12.73 平方米。目前镇海区城市建设框架正全面拉开,以庄市、骆驼为城市中心,以蛟川、招宝山街道为组团的城市化建设初具形象,九龙湖和澥浦片区有序推进,基础设施布局更加优化,现代产业体系正逐步协调,城市公共服务更加完善,社会管理提升更加高效,城市竞争力正在进一步提升。

三、镇海空间结构发展的历史经验

镇海区空间结构的演变过程符合城市空间扩展的一般规律。一般而言,城市的空间扩展是在一定的内因和外因综合影响下共同驱动的。对于城市空间扩展驱动机制,国内外不同研究学派作出了不同的解释,主要是从经济、政治、土地和制度等方面进行阐述。在国外,如 Form W. H. 从政治学的视角,将影响城市空间扩展的因素分为市场驱动与权利行为驱动;Muth 从区域经济的视角,指出地方商品的需求弹性、城市工资水平、离城市中心的距离和技术水平共同决定了城市空间扩展的进程;[1]Ding 则从土地利用与管理制度视角,解释了城市空间扩展的内在驱动机制。[2] 在国内,学者对于城市扩展驱动机制众说纷纭,如刘盛和全面总结了国外学者在这方面的研究成果,认为城市空间扩展动力机制总体上可以分为五大类:动力机制、自然机制、市场机制、社会价值机制和政治权力机制。[3] 部分研究者针对特殊地形的城市(山地城市、港口城市)进行了研究;有学者从城镇群组空间的

---

① 转引自:张荣天,张小林. 国内外城市空间扩展的研究进展及其述评. 中国科技论坛,2012(8):151-155.

② Ding C. Urban spatial development in the land policy reform era:Evidence from Beijing. Urban Studies, 2004,41(10):899-1907.

③ 刘盛和. 城市土地利用扩展的空间模式与动力机制. 地理科学进展,2002,21(1):43-50.

角度，分析了长三角、珠三角等城市群体空间扩展的动力机制；[①②]还有学者从物联网发展等新的视角，探讨城市空间扩展的动力机制。[③]城市空间扩展是在特定的地理环境和一定的社会经济发展阶段中，人类活动与自然因素相互作用的综合结果。城市空间扩展过程受到了不同时空尺度下的自然、人文、社会、经济、文化等多种因素的综合作用，是一个复杂的人地系统相互作用的动力学过程。对于镇海区而言，在其自身河道、水源以及港口运输等条件的影响下，其空间扩展有着独特的经验。

（一）自然条件因素是镇海区空间扩展的重要基础

城市是人类社会经济活动的主要载体，它是坐落在具有一定自然地理特征地表之上的区域，其形成、建设和发展与自然地理要素、区位条件因素有着密切的关系。地形、地貌、水文、资源和区位等地理要素相互交叉组合，形成了城市空间扩展的重要基础。

镇海区位于浙江省东北部，辖区南面以甬江中心线与北仑区为界，西靠江北区，东濒灰鳖洋，北接慈溪市，陆地面积为 245.94 平方千米，海域面积为 161.74 平方千米，海岸线总长 22.21 千米。全区有平原 15293.33 公顷，山地 3620 公顷，水面 2526.67 公顷。镇海区地形狭长，地势西北、东南两端高，中间平，由西北向东南延伸至东海，属宁绍平原的一部分。境内山地集中在西北部，属四明山余脉向东北方向的延伸。中部、东部为濒海水网平原，占全区总面积的 83.2%，地势平坦，海拔高程为 3~5 米，并由内及外微微降低，坡降度为 1% 以下。

镇海区属亚热带季风气候，四季分明，夏天炎热多雨，盛吹东南风；冬季较冷，雨量偏少；春秋两季，冷热适度，雨量平衡，雨热基本同步。平坦的地势和适宜的气候条件为区内人们居住以及开展社会活动提供了天然的载体。

另外，镇海的地理区位优势也十分明显。镇海位于中国大陆海岸线中段，长江三角洲南翼，东临舟山群岛，西连宁绍平原，南接北仑港，北濒杭州湾，与上海一衣带水，素有"浙东门户""宁波咽喉"之美誉。自古以来镇海一

————————

①　车前进，段学军，郭垚，等. 长江三角洲地区城镇空间扩展特征及机制. 地理学报，2011,66(4):446-456.

②　张文忠，王传胜，薛东前. 珠江三角洲城镇用地扩展的城市化背景研究. 自然资源学报，2003,18(5)5:75-582.

③　陈曦，翟国方. 物联网发展对城市空间结构影响初探——以长春市为例. 地理科学，2010(4):529-535.

直是对外交往的主要口岸,系海上丝绸之路的起碇港之一。镇海港是宁波港的主要组成部分,拥有 5 万吨级液体化工专用泊位,是浙东生产型港口物流中心和宁波重要的临港产业基地。随着舟山连岛大桥建成通车,宁波绕城高速的全线贯通,镇海成为宁波重要的交通枢纽和桥头堡。镇海现已串联杭甬、甬金、甬台温、杭州湾跨海大桥、舟山连岛大桥和象山港跨海大桥,这使宁波各条高速实现互通,大交通呈"八路一线"之势,是宁波接轨大上海、融入长三角的重要节点。

(二)经济增长是镇海区空间扩展的主要动力

经济增长对城市空间扩展有着重要的驱动作用,这已成为大多数学者的共识。一般来说,城市空间的扩展是城市经济发展的需求和体现,其强度与经济发展速度呈正相关关系。城市经济的持续快速发展,为镇海区的建设提供了坚实的后盾,为城市新区的健康发展提供了源源不断的动力。

一方面,镇海经济的增长主要源自工业化发展,这种发展力自然而然会带动相关地区的土地利用、人口迁移和投资方向的转变,进而成为影响空间成长和演化的重要因素。以城市投资为例,城市投资通常源于公共投资和企业投资两大部分。一般而言,对城市教育、治安、各种福利设施和基础设施等公共产品的投资会直接导致城市集聚效应水平的提高,成为城市空间发展和变化的引发器,进而引起城市空间结构的进一步调整。大量的研究表明,城市公共建设投入越多,城市空间的发展条件改善就越明显,这对城市空间的成长起到协同促进的作用;而企业的投资一般以扩大再生产、提高企业利润为目的,这势必会打破原来区位的经济水平均衡,迫使地租上涨,迫使居住用地、商服用地作出相应调整,最终带来城市空间结构的变化。

另一方面,经济增长能够促进镇海产业结构的调整,进而影响城市空间的成长,甚至导致城市内部空间的重构。经济发展是一个由经济总量增长、经济结构转换和水平提高构成的经济进步过程。其中,经济结构转换通常是由产业结构转换和主导产业部门的置换来实现的,这也是资源和包含土地要素的时空配置及其结构形式调整和转换的过程。城市的产业空间作为区域经济活动的主要承载体,在城市各产业优势地位的不断更迭过程中,不断地成长、进化和整合,同时也带动了地租、劳动力与之协调联动,进而形成城市空间扩展的主导因素。近年来,镇海区扎实推进"腾笼换鸟""退二进三",区内的生活空间和生产空间得到进一步的优化和融合。

(三)交通组织是引导镇海区空间成长的必要条件

制约城市扩展的重要因素是空间距离,城市的交通组织和新型交通工具能够极大地削弱城市空间扩展因距离而产生的阻力,增强地域空间的可达性。在城市交通路网的带动下,原来的城市郊区被改造和建设,并被吸纳到城市中心内,新的发展又不断地使那些未经开发的乡村和绿地成为新的郊区,进而使城市边界扩大,城市的空间形态发生改变。因此,在制定城市规划时,通常借助城市道路或交通基础设施的规划来引导城市发展的地域结构和空间格局。这也是镇海区空间成长的必要支撑条件和引导因素。

在 20 世纪初,由于交通瓶颈,镇海区尽管在教育、人才、知识技术、工业等战略方面拥有丰富资源,但这些方面的作用一直难以充分发挥。在此阶段,镇海区的空间成长呈现出较为明显的沿交通轴线带状扩展模式。近年来,随着镇海大交通战略规划的逐步推进,全区现代化道路交通网络日臻完善,镇海的交通地位正悄然改变。"十二五"期间,全区新建、改建骨干道路64.85 千米,道路里程达 634.8 千米,道路密度达 230 公里每百平方公里,相继完成绕城高速镇海段、甬舟高速、329 国道镇海段、镇海大道、九龙大道等路网建设,形成"八横七纵"路网,已基本实现高速公路、城市快速路、城市主干道、城乡道路互通互联。2015 年,宁波地铁 2 号线一期通车,镇海与江北、江东、海曙、鄞州四区交通无缝对接,这标志着镇海立体运输格局真正形成,交通枢纽地位日渐显现,发展腹地也从本辖区延伸到整个宁波市区。在未来几年中,2 号线二期工程将把地铁线开进招宝山街道;3 号线由南至北,将鄞州、江东、江北、镇海串成一条新的宁波黄金商圈线;5 号线则经宁波北部商贸商务中心南区止于兴庄路站。届时,镇海有三条轨道交通线,以及绕城、甬舟两条高速公路,再加上东环高架,织成一个高速高效的立体交通网络,为全区进一步打通支撑发展的经脉线。道路网的推进使镇海区从交通末梢一跃成为宁波市—长三角南翼"一环六射"交通枢纽节点。点、线、面相衔接的道路交通网实现了镇海区交通现代化,构筑起镇海全域城市化框架发展的格局。

(四)政府的规划与调控是镇海区空间成长的重要导向

城市空间发展演化是在无意识的自然生长和有意识的人为干预双重力量作用下进行的。在经济文明高度发达的今天,政府对城市的规划调控及政策引导已成为城市空间成长的导向阀,各种城市发展政策、制度对于城市未来的发展方向以及具体的空间形态都产生了极为重要,甚至是决定性的干预作用。根据《宁波市镇海区分区规划(2004—2020年)》,镇海区的分区职能被设定为承担宁波市作为华东地区重要的先进制造业基地、现代物流中心和交通枢纽,以及浙江省对外开放窗口和高教、科研副中心等重要职能。依托临海、临港资源、教育科技资源、自然风景和历史文化遗产资源,以发展大型临港工业、无污染的高新技术产业、科研和教育等第三产业为产业发展主导,建设成为以新城为载体的宁波中心城北部商贸商务中心、以老城为载体的浙东生产性港口物流中心、以宁波化工区为载体的国家级石化产业基地,同时大力发展旅游产业。历经"十一五""十二五"十余年的发展和建设,镇海已基本形成老城区、滨海产业区、镇海新城南区、镇海新城北区、机电工业区、澥浦区和九龙湖相互组团发展的空间模式。此外,宁波市、镇海区还制定了《宁波市镇海区土地利用总体规划(2006—2020年)》《宁波市生态绿地系统专项规划》《镇海区交通管理专项规划(2012—2030年)》《镇海区域村庄布局规划》《宁波镇海新城北区(ZH07)控制性详细规划》《宁波镇海新城南区(ZH06)控制性详细规划》《宁波市镇海区九龙湖镇总体规划(2010—2030)》等一系列专题规划,使得前期土地粗放式利用的现象得到遏制,城区的空间成长逐渐走上正轨化、可持续化的发展之路。

(五)技术进步是镇海区空间成长的内在推动力

技术进步对于城市增长的内在持续推动力已为国内外学者所广泛认同。技术发展尤其是技术革命决定了社会和城市发展的阶段性特征,是城市空间成长演化的动力和创造新的城市空间形态的活跃因素。从历史经验来看,技术进步会促进土地供给增加,在一定程度上缓解土地的稀缺性,引起城市地租下降,这有利于产业集聚效应的形成。在其他因素不变的情况下,现有厂商有可能扩大规模,更多新的厂商会进入城市发展,带动地区投资,大量人口、资金的流入,将会进一步导致城市集聚规模的扩大和城市空间结构的扩展。目前,在镇海辖区内,已形成了较为成熟的石化、交通运输等临港产业基地,这些产业基地在发展、壮大的过程中,对镇海区的空间成长发挥了重要的推动作用。近年来,镇海依托高教和科研资源,大力发展高新技术产业,制定、实施了一系列政策和办法,新材料、机电一体化和电子信息等产业已初具规模,在促进产业结构调整的同时,也带来了用地结构的转化。另外,交通技术的发展也对镇海空间区域形态的演化和扩展起着不可替代的作用,其直接表现为城市道路的扩宽和交通范围的延伸,人们生活、工作半径的扩大。截至2014年年底,镇海区的机动车保有量达107079辆,

2015年宁波地铁2号线也已开通，完备的交通基础设施和发达的路网系统极大地丰富了居民的出行方式，也将宁波市区与镇海新、老城区紧密联系起来，促进了镇海空间的扩大成长。

第二节　基础条件

城市的发展和地理空间密不可分。一方面，地理空间是一个区域或国家的宝贵资源，所以城市空间发展是地理空间的一个重要组成部分。另一方面，城市的物质环境要素在一定程度上也能够决定城市的轮廓，而空间环境与环境要素的配合则可以真正显示出城市的格局和形态。从城市用地管理的视角出发，区域的空间现状涉及区内各类用地的结构和空间布局。依据国家《土地利用现状分类》标准，可按土地用途、经营特点、利用方式和覆盖特征将城市用地分为12个大类57个子类。对于镇海而言，对每一类土地进行研究讨论并不切合实际。而单就城市空间而论，视角不同空间也有着显著差异，如构建在牛顿经典物理学基础上的抽象空间，此类空间被描述为连续、无限、均质的三维或四维属性，是独立于人的意识之外的现实空间。又如建立在皮亚杰发生认识论基础上的知觉空间和建立在荣格集体无意识理论基础上的心理空间，此类空间观念建立在人脑中所具有的某种先天结构——一种恒常式的基础之上，并以此揭示出城市空间中的基本属性和本质特征。由于其能够将人的主观意识和空间自身的物理属性有机结合，近些年来在地理学界备受关注。我国学者在城市空间相关理论的研究中也进行了积极探索，如表2-1所示，其观点主要是围绕土地利用或城市功能展开[①]。在综合现有理论和成果的基础上，本节仅围绕与镇海区域经济活动发展密切相关的用地结构和城市空间进行探讨，具体包括工业空间、生活社会空间、生态安全空间。

---

① 　王开泳.城市生活空间研究述评.地理科学进展,2011,30(6):691-698.

表 2-1　国内城市空间理论研究进展

研究视角	代表人物	提出时间	主要类型	实践应用
城市的空间属性	段进	1998 年	城市物质形态空间、社会空间、经济空间、政治空间、生态空间等	主要研究城市物质形态空间,但强调城市空间的社会属性、生态属性、经济属性等,以及这些属性的相互关系,主要用于指导空间规划
功能用地的空间组合类型	顾朝林,张京祥,甄峰	1999 年	工业地域、商业地域、服务业地域、移动地域、居住地域、生活空间结构	主要用于研究城市土地利用结构以及分析土地利用地域分异过程
城市地理空间	柴彦威	2000 年	物质空间、经济空间和社会空间	具有明确的研究范畴,方便相关的研究和规划调控
城市基本功能空间	聂承峰	2004 年	居住空间、商业空间、服务业和特殊园区空间、城市活动空间	用于分析城市空间的演化规律,探寻其无形制约的显形原则,构建城市功能空间的模型
功能空间和本体论	王开泳,陈田	2008 年	生活空间、生产空间、生态空间	方便对功能空间有针对性地管理与调控

一、总体情况

　　镇海区的城市空间现状是自然条件与人类社会活动共同作用的结果。近十年来,镇海区的土地利用结构变化较大,城市空间得到飞速扩张。在 20 世纪 90 年代初期,镇海区耕地比重较大,其次为水域、林地和居民点及工矿用地。2014 年,居民点与工矿用地占比居首,耕地占比位居第二,第三为林地。根据宁波镇海区土地调查以及 2012—2014 年的镇海区城镇地籍变更调查,镇海区 2014 年土地总面积为 23714.63 公顷,约占宁波市总面积的 2.44%。土地利用结构如图 2-2 所示。其中耕地为 6167.84 公顷,占土地总面积的 26.01%;园地为 431.88 公顷,占土地总面积的 1.82%;林地及其他农用地为 3342.34 公顷,占土地总面积的 14.09%;城镇村及工矿用地为 8012.58 公顷,占土地总面积的 33.79%;交通水利及其他用地为 3898.19 公顷,占土地总面积的 16.44%;未利用地为 1861.80 公顷,占土地总面积的 7.85%。

　　根据《宁波市镇海区土地利用总体规划(2006—2020 年)》,至 2020 年,镇海区农用地将调整为 11164.30 公顷。其中,耕地调整为 7091.45 公顷,约占全区土地面积的 29.90%;园地调整为 361.20 公顷,约占全区土地面积的 1.52%;林地及其他农用地调整为 3711.65 公顷,约占全区土地面积的 15.65%;城乡工矿用地将调整为 7544.60 公顷,约占全区土地面积的 31.81%;

交通水利及其他用地调整为 2393.24 公顷,约占全区土地面积的 10.09%；
未利用地调整为 2612.49 公顷,约占全区土地面积的 11.02%。

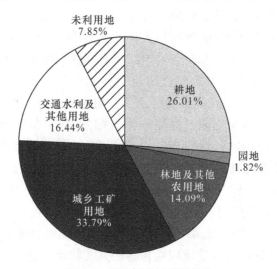

图 2-2 镇海区土地利用结构

规划基期、2014 年及规划目标年各类主要用地情况如表 2-2 所示。

表 2-2 规划基期、2014 年及规划目标年各类主要用地情况

单位:公顷

用地类型		规划基期 (2005 年)	2014 年	总变化量	年均 变化量	规划目标年 (2020 年)	待变化量
农用地	小计	11951.50	9942.06	−2009.44	−200.94	11164.30	1222.24
	耕地	7829.95	6167.84	−1662.11	−166.21	7091.45	923.61
	园地	184.29	431.88	247.59	24.76	361.20	−70.68
	林地及其他 农用地	3937.26	3342.34	−594.92	−59.49	3711.65	369.31
建设 用地	小计	8800.11	11910.77	3110.66	311.06	9937.85	−1972.92
	城镇村及 工矿用地	6949.17	8012.58	1063.41	106.34	7544.60	−467.98
	交通水利 及其他用地	1850.94	3898.19	2047.25	204.73	2393.24	−1504.95
未利 用地	未利用地	2963.02	1861.80	−1101.22	−110.12	2612.49	750.69

通过将 2014 年土地利用状况和规划目标对比发现,镇海区各类用地形

势较为严峻。2014 年年末，镇海区的耕地面积距 2020 年规划目标尚有923.61 公顷的差距。在当前国家严格的耕地保护制度和节约用地制度的约束下，"十三五"期间，镇海区耕地占补平衡的压力较大。从人均情况看，按照常住人口 20 万人计算，镇海区的人均耕地仅为 0.46 亩(1 亩＝0.067 公顷)，为全国平均水平的 1/3，坚守耕地红线面临巨大挑战。而从建设用地的现实情况来看，2014 年镇海区建设用地共有 11910.77 公顷，已超出规划年限的目标 1972.92 公顷，其中城镇村及工矿用地为 8012.58 公顷，占全部建设用地的 67.27%，数量上超过规划年限目标 467.98 公顷。单从城镇建设用地来看，前期增长较快，建设用地总量较大，且新增建设用地比重较高。浙江省批后监管系统显示，2009—2013 年镇海区共供应土地 1655.34 公顷，其中新增建设用地指标为 986.57 公顷，占供地总量的 60%。截至 2014 年年底，镇海区的国有建设用地总量为 6014.77 公顷，约占全区土地总面积的25.36%。由此可以预见，未来镇海区建设用地规模必将受建设用地承载力的限制，土地供应依赖新增建设用地指标的方式将难以为继。从建设用地的投入及产出水平上看，近年来镇海区单位建设用地的第二、三产业产值和地均固定资产投入远高于全市平均水平，在各县、市、区中名列前茅。2014 年全区单位建设用地 GDP 为 2097 万元/公顷，地均固定资产投入为 658 万元/公顷。尽管镇海区单位建设用地的产值绝对值相对较高，但从表 2-3 可以看出其近年来的单位产出正逐年递减，与宁波全市平均水平的差距在逐渐缩小。

表 2-3　2011—2014 年宁波六区、镇海区单位建设用地 GDP 与地均固定资产投入情况

单位：万元/公顷

行政区域	单位建设用地第二、三产业产值				地均固定资产投入			
	2011 年	2012 年	2013 年	2014 年	2011 年	2012 年	2013 年	2014 年
宁波全市六区	650	758	779	818	205	207	258	282
镇海区	2868	2469	2129	2097	300	416	530	658

由于镇海早期基本上是采用以工业发展带动城镇化建设的城市化发展模式，在城市的空间利用方面优先保障大工业、大工程的用地空间。尽管这一方式有助于镇海积累原始资本，同时也在一定程度上带动了老城区的空间发展，但由于在整体上缺乏科学和系统的城市用地规划，因此当镇海城镇化发展遇到用地空间短缺的瓶颈时，必然会采用土地征收的手段，进而导致大量农用地转为建设用地。

二、农村集体用地现状

本节根据 1∶500 比例尺对农村土地利用现状进行调查,分析农村居民点内部土地利用类型、数量、结构、规模布局等。本次对镇海区农村居民点的用地调查范围与第二次全国土地调查中村庄用地(203)范围有所不同,第二次全国土地调查中村庄范围包括农居点周围大量的工矿用地,而本次调查剔除了其中的国有工矿用地,并增加了划归城镇(201、202)的农村居民点。

关于村庄建设用地标准,因原有《村镇规划标准》(GB 50188—93)已经废止,新《镇规划标准》(GB 50188—2007)仅针对镇,不包括村庄,因此目前尚无国家层面的村庄建设用地控制指标标准。本研究将 2014 年 10 月 1 日实施的《宁波市城乡规划管理技术规定》中村庄建设主要用地构成比例作为农村居民点土地利用结构合理性的衡量标准。

根据农村土地利用现状调查,镇海农村居民点用地共 1997.80 公顷,占土地总面积的 8.4%,占城镇村及工矿用地的 24.9%,如表 2-4 所示。如表 2-5 所示,农村居民点用地中住宅用地最多,占 74.54%,共 1489.16 公顷;其次是公共管理与公共服务用地、工矿仓储用地,分别为 167.96 公顷、152.78 公顷,各占 8.41%、7.65%;交通运输用地为 98.96 公顷,占 4.95%;商服用地为 32.73 公顷,占 1.64%;水域及水利设施用地、特殊用地、其他用地等面积较小,分别为 25.64 公顷、8.13 公顷和 22.45 公顷,分别占农村居民点用地的 1.28%、0.41% 和 1.12%。2014 年镇海区各镇、街道农村居民点土地利用状况如表 2-6 所示。

表 2-4 2014 年镇海区各镇、街道用地面积和比例

行政单位	土地总面积/公顷	城镇村及工矿用地面积/公顷	农村居民点用地面积/公顷	农居点用地占土地总面积比例/%	农居点用地占城镇村及工矿用地比例/%
招宝山街道	1454.68	1120.96	15.83	1.1	1.4
骆驼街道	4518.00	1528.77	511.21	11.3	33.4
庄市街道	2585.41	1105.51	321.54	12.4	29.1
澥浦镇	4920.23	1311.94	303.02	6.2	23.1
九龙湖镇	6548.67	717.68	461.39	7.0	64.3
蛟川街道	3673.66	2227.72	384.81	10.5	17.3
镇海区	23700.65	8012.58	1997.80	8.4	24.9

表 2-5　2014 年镇海区各镇、街道农村居民点土地利用状况一级分类面积

单位:公顷

行政单位	商服用地	工矿仓储用地	住宅用地	公共管理与公共服务用地	特殊用地	交通运输用地	水域及水利设施用地	其他用地
招宝山街道	0	0	15.83	0	0	0	0	0
骆驼街道	6.60	27.31	402.49	29.65	0.07	25.91	9.53	9.66
庄市街道	5.09	19.31	251.98	25.17	4.00	11.28	3.61	1.10
澥浦镇	5.29	25.81	232.04	12.58	0.13	17.09	4.15	5.93
九龙湖镇	7.74	42.05	285.78	89.16	3.46	25.90	5.53	1.76
蛟川街道	8.01	38.30	301.04	11.40	0.46	18.78	2.82	4.00
镇海区	32.73	152.78	1489.16	167.96	8.13	98.96	25.64	22.45

表 2-6　2014 年镇海区各镇、街道农村居民点土地利用状况

单位:%

行政单位	商服用地	工矿仓储用地	住宅用地	公共管理与公共服务用地	特殊用地	交通运输用地	水域及水利设施用地	其他用地
招宝山街道	0	0	100	0	0	0	0	0
骆驼街道	1.29	5.34	78.73	5.80	0.01	5.07	1.86	1.89
庄市街道	1.58	6.01	78.37	7.83	1.24	3.51	1.12	0.34
澥浦镇	1.75	8.52	76.58	4.15	0.04	5.64	1.37	1.96
九龙湖镇	1.68	9.11	61.94	19.32	0.75	5.61	1.20	0.38
蛟川街道	2.08	9.95	78.23	2.96	0.12	4.88	0.73	1.04
镇海区	1.64	7.65	74.54	8.41	0.41	4.95	1.28	1.12

　　根据《宁波市城乡规划管理技术规定》,村庄各类用地占建设用地的比例如表 2-7 所示。将第二次土地调查分类标准与该标准相对应,居住用地为住宅用地,公共设施用地包括公共管理与公共服务用地(扣除公园与绿地)、商服用地及特殊用地中的宗教用地,道路用地为交通运输用地,生产设施用地为工矿仓储用地,然后计算镇海区各镇、街道以上各类用地占农村居民点用地的比例,如表 2-8 所示。按照表 2-7 的用地衡量标准,镇海农村居民点用地中的居住用地比例偏高,达 74.54%,超出上限标准近 5%;公共设施用地、生产设施用地比例均在合理范围内;道路用地比例偏低,仅 4.95%,尚不足下限标准的一半。

表 2-7　村庄各类用地衡量标准

单位:%

用地类别	占建设用地比例
居住用地	55.0～70.0
公共设施用地	6.0～12.0
道路用地	10.0～18.0
生产设施用地	0～15.0
公共绿地	3.0～6.0

表 2-8　2014 年镇海区各镇、街道占农村居民点用地比例

单位:%

用地类别	招宝山街道	骆驼街道	庄市街道	澥浦镇	九龙湖镇	蛟川街道	镇海区
居住用地	100	78.73	78.37	76.58	61.94	78.23	74.54
公共设施用地	0	6.94	8.63	5.67	20.61	3.84	9.52
道路用地	0	5.07	3.51	5.64	5.61	4.88	4.95
生产设施用地	0	5.34	6.01	8.52	9.11	9.95	7.65
公共绿地	0	0.15	0.78	0.23	0.40	1.21	0.52

　　从各镇、街道农村居民点用地情况来看,招宝山街道为镇海区政府所在地,所以农村居民点用地很少,仅小面积的住宅用地。骆驼街道农村居民点用地面积最大,共 511.21 公顷,占骆驼街道土地总面积的 11.3%,占骆驼街道城镇村及工矿用地的 33.4%。其次是九龙湖镇,农村居民点用地面积461.39 公顷,占九龙湖镇城镇村及工矿用地的 64.3%,但仅占九龙湖镇土地总面积的 7.0%。

各镇、街道农村居民点用地中商服用地均不超过 10 公顷,除了招宝山街道,其他镇、街道的商服用地占 1%～2%,其中批发零售用地略多于住宿餐饮和商务金融用地。工矿仓储用地仅包括与农居点相邻的集体权属的工矿用地,多数镇、街道为 19～45 公顷,不超过农居点用地面积的 10%,主要是工业用地,仓储用地很少。住宅用地包括农村宅基地和房前屋后的空地,各镇、街道住宅用地面积相差较大,该类用地中文体娱乐、医卫慈善用地普遍较少。交通运输用地以街巷用地为主,各镇、街道比例相近。特殊用地、水域及水利设施用地、其他用地都很少,水域及水利设施用地中坑塘水面最多,其他用地指空闲地。

九龙湖镇的居住用地比例为 61.94%,是各镇、街道中比例最低的,对照规划用地标准,也是唯一没有超过规划标准范围的;同时其公共设施用地比例为 20.61%,远高于规划标准,主要是因其具有近 68 公顷的风景名胜设施用地。蛟川街道农村居民点的公共设施用地比例为全区最低,仅为 3.84%,远低于规划标准。其他用地情况与全区平均水平相差不大。

镇海区农村居民点用地主要分布在中部水网平原,且基本上靠近河流布局。本次农村居民点土地利用现状调查共涉及 69 个村级行政单位,按村级单位统计,农居点最大规模的为 115 公顷,小的仅有几公顷,平均用地规模 30 公顷,但是村庄农居点分散,约有 500 多处独立的农居点。有的行政村有 10 多处分散的居民点。这些农居点面积大的有 30 公顷左右,一般面积较小,甚至有不足 0.2 公顷的图斑。总体上讲,农村居民点规模小,数量多,分布不集中。

三、工业空间基础条件

(一)工业空间的用地结构现状

1.传统优势产业用地占较大比重

镇海区是宁波市的工业重镇,也是我国华东地区重要的重化工产业基地,工业一直是镇海区经济发展的支柱产业。《2015 年宁波市镇海区国民经济和社会发展统计公报》数据显示,2015 年镇海区第二产业增加值为 468.6亿元,占 GDP 的 71.9%。镇海区传统的优势产业包括石油化工、通用设备制造、废旧资源和纺织业等,这些产业是镇海较早引进和建设的基础工业,帮助镇海区形成了工业型城镇,时至今日仍是该区较为活跃的经济力量。课题组基于镇海区 2011 年土地利用状况数据,结合 2014 年的 DigitalGlobe遥感影像对上述几类产业的用地情况进行调查,这些产业的用地在整个镇海的工业空间中占有较大比重。通过调查发现，石油化工、通用设备制造、废旧资源和纺织业用地分别为 408.28 公顷、355.02 公顷、16.3 公顷和 146.44 公顷，分别占全区工业用地的 11.27％、9.8％、0.45％和 4.04％。

2.高端产业用地占比正在提升

近年来，在加快推进生态文明建设、供给侧改革的大背景下，镇海区积极推进传统产业的转型升级，同时布局新兴产业，坚持以创新驱动、价值提升为发展理念，打造镇海区经济增长的新引擎。针对区内传统制造业高耗能、高污染、高排放的困境，镇海以"去产能、去库存、去杠杆、降成本、补短板"为抓手，将"循环""绿色"和"高端"等理念融入工业经济建设，引导产业向产品精深化、产业延伸化、价值高端化发展，推动镇海从传统制造业基地向"智造"强区迈进。为了摆脱长期以来资源消耗经济模式的桎梏，镇海还大力发展高新科技产业，引入并建设了中科院宁波材料所初创产业园、中科院大连化物所国家技术转移中心宁波中心、清华校友创业创新基地、西安电子科技大学宁波信息技术研究院和产业园、国际应用能源技术创新研究院五大平台，促进集聚发展科技含量高、资源消耗低、环境污染少的高新技术产业，文创、动漫游戏、软件开发、高端养老、环保等新兴产业纷纷落户。在众多的新兴产业中，文创产业独树一帜，现今已发展成为镇海的一张金名片。在宁波市国家大学科技园，包括洛可可、木马设计、潘公凯建筑设计工作室等在内的一批国内顶尖的创新设计机构纷纷落户，近三年镇海工业设计领域有 20 多件作品荣获红点奖、IF 奖、红星奖等高级别奖项。文创产业正逐步成为镇海最具潜力的产业之一。与此同时，制造业、旅游业等相关行业也通过嫁接文化，融入创意，使附加值和利润成倍增长。据统计，截至 2015 年年底，镇海区文创企业达 1057 家，2015 年镇海区文创产业营业收入超过 20 亿元。这些高端产业的兴起和发展，也带动了镇海工业用地结构的变化。一般而言，新兴产业空间用地的来源主要有两种：一种是对原来的非工业用地通过土地征收、土地储备等一系列行政途径变更土地性质，将其转换成为工业用地，并借助市场机制流转到企业；另外一种则是通过"退二优二"、产业转型等手段在原有落后产能淘汰的基础上，在原有工业用地上进行开发建设。镇海区基于人地矛盾日益严重的现状，采用两种方法相结合的方式，为新兴产业的发展腾空间、清障碍。如前面提到的中科院宁波材料所初创产业园、中科院大连化物所国家技术转移中心宁波中心、清华校友创业创新基地等均是在淘汰、废弃的厂房中进行建设的。根据课题组对工业空间用地的调查，2015 年镇海区新兴产业的用地已达 105.33 公顷。

(二)镇海区的产业用地空间分布现状及特征分析

镇海片区的工业用地总体格局是以沿海、沿江为轴线,由中部向城区延伸的 V 形带状组团。其中沿海部分主要为临港大工业集聚地,主要集中了镇海炼化、韩国 LG 甬兴、中金石化、杭州湾腈纶、中化进出口等重型石化工业企业;沿江部分主要集中了通用设备制造业、化学原料和化学制品制造业以及纺织业等传统产业;城区延伸部分多为传统制造业和高新技术产业。

从整体的空间分布来看,镇海的工业用地现状可分为三大片区:由澥浦镇、蛟川街道北部以及招宝山街道组成的北片区,由蛟川街道东南部所在的东片区,由骆驼街道和庄市街道西南部所形成的南片区。其中北片区基本处于镇海的滨海地带,建设发展起步较早,是镇海化工区的所在地,周边已基本开发完毕,几乎没有扩展的空间。在人口增长和交通设施不断完善的共同作用下,化工区生活与居住空间逐步向腹地老城区延伸,可以说,镇海老城区的成长与北片区的发展息息相关。东片区基本沿甬江分布,主要介于甬江隧道与清水浦大桥之间。在新一轮镇海规划中,镇海的沿江区域将与镇海新城南区、镇海经济技术开发区融合发展,并重点建设绿色生态走廊。可以预见,该片区在未来将进一步降低工业用地的比例,逐步承接中北部区域转移出来的居住功能。南片区毗邻镇海新城,在空间分布上主要集中在骆驼街道和庄市街道的西南部,布局较为零散,未来整合的潜力较大。根据《宁波市镇海区分区规划(2004—2020 年)》《宁波镇海新城南区(ZH06)控制性详细规划》《宁波镇海新城北区(ZH07)控制性详细规划》,南片区位于庄市街道的部分工业用地将逐步退出并迁至镇海的机电工业区块内。

从 2014 年的各镇、街道的分布来看,工业用地主要集中在澥浦镇、招宝山街道和蛟川街道,如表 2-9 所示,2014 年澥浦镇的工业用地占城镇村及工矿用地的比例高达 88.42%。

表 2-9　2014 年镇海区各镇、街道工业用地分布情况

区域	城镇村及工矿用地面积/公顷	工业用地面积/公顷	工业用地占城镇村及工矿用地比例/%	区域工业用地占全区工业用地比例/%
招宝山街道	1120.96	483.76	43.16	13.36
蛟川街道	2227.72	1356.26	60.88	37.45
骆驼街道	1528.77	387.72	25.36	10.71
庄市街道	1105.51	207.70	18.79	5.74

续表

区域	城镇村及工矿 用地面积/公顷	工业用地 面积/公顷	工业用地占 城镇村及工 矿用地比例/%	区域工业用地 占全区工业 用地比例/%
澥浦镇	1311.94	1160.07	88.42	32.03
九龙湖镇	717.68	25.85	3.60	0.71
镇海区	8012.58	3621.36	45.20	100

(三)镇海区产业空间的经济效益分析

随着镇海区城市化和工业化进程的加速,土地资源的供给与社会需求之间呈现出的不平衡态势日益凸显,产业用地日趋紧张的局面与城市化快速发展之间的矛盾已成为当今镇海城市发展亟待解决的现实难题。一方面,政府在制定和实施产业相关政策时需要兼顾产业协调发展、辖区 GDP 增长等因素;另一方面,严格的耕地红线、生态保护又制约着政府在规划产业用地时不能采取"GDP 至上主义"。传统外延式的扩张性土地利用思路已无法适应新形势下的区域发展。挖掘存量产业用地潜力,提高单位经济产出是破解上述难题的有效办法。本小节将基于镇海区工业用地调查数据库,对镇海区的产业用地结构、产业用地的产出效益、产业结构和产业用地结构的协调程度进行计算和分析,以便发现问题。

1. 临港区域用地结构及工业用地的产出效益计算

对工业用地经济效益的分析主要基于两个指标的运算,分别是地均营业收入和地均利润。为了更加直观地说明问题,课题组还搜集了北仑区的工业用地指标数据,用于对比分析。

2. 重点产业及其用地结构协调情况

课题组选取镇海区的石油加工、化工制品制造、电气机械和器材制造、纺织等典型产业,通过测算这些产业收益与用地结构间的偏离度来衡量产业结构与用地结构的协调发展程度。具体计算公式为:

$$SD_j = \frac{IS_j}{LS_j} - 1 \tag{2-1}$$

式中,SD_j 反映第 j 类产业的产业结构与用地结构的偏离度;IS_j 为第 j 类产业的营业收入比重;LS_j 为第 j 类产业的用地比重。当 SD_j 为正值时,表明第 j 类产业用地效率相对较高,存在着扩大规模的机会;若 SD_j 为负值,表明该产业用地效率较低,存在着用地退出的压力。SD_j 的绝对值越小,结构越是平衡;当 SD_j 为零时,表明产业结构与用地结构处于均衡状态。

计算结果如表 2-10、表 2-11 和表 2-12 所示。

表 2-10　镇海区、北仑区工业用地产出效益对比情况

单位：万元/公顷

年份	地均产出		地均利润		地均税收	
	北仑区	镇海区	北仑区	镇海区	北仑区	镇海区
2010	6160.65	11700.00	580.80	657.00	359.40	732.45
2011	7211.70	15100.05	519.15	619.05	696.75	1822.50
2012	6964.50	14100.00	340.95	319.05	507.45	1335.90
2013	7223.25	14400.00	463.20	549.00	644.70	1565.85
2014	7458.65	14700.00	398.99	364.05	580.84	1374.45

表 2-11　2014 年镇海区、北仑区典型产业用地效益对比情况

单位：万元/公顷

典型产业	镇海区		北仑区	
	地均营业收入	地均利润	地均营业收入	地均利润
石油加工、炼焦和核燃料加工业	13909.76	456.25	10935.65	313.59
化学原料和化学制品制造业	3553.24	106.88	12615.55	−299.16
通用设备制造业	3133.17	157.37	5444.96	392.62
废弃资源综合利用业	43564.52	−2205.57	1709.49	361.71
纺织业	3803.81	330.10	4356.90	556.45
电气机械和器材制造业	1272.83	67.48	10851.39	748.84
有色金属冶炼和压延加工业	2197.50	−46.37	9078.61	283.15
黑色金属冶炼和压延加工业	2716.29	−81.02	7561.62	383.90
专用设备制造业	1420.04	21.16	5133.95	703.26

表 2-12　2014 年镇海区典型产业用地经济效益及其用地偏离度

典型产业	营业收入/万元	产业用地/公顷	产业营业额占比/%	产业用地占比/%	产业结构偏离度
石油加工、炼焦和核燃料加工业	11409338	820.24	56.23	22.65	1.48
化学原料和化学制品制造业	4374807	1231.22	21.56	34.00	−0.37

典型产业	营业收入/万元	产业用地/公顷	产业营业额占比/%	产业用地占比/%	产业结构偏离度
通用设备制造业	1112324	355.02	5.48	9.80	−0.44
废弃资源综合利用业	710045	16.30	3.50	0.45	6.77
纺织业	557021	146.44	2.75	4.04	−0.32
电气机械和器材制造业	416550	327.26	2.05	9.04	−0.77
有色金属冶炼和压延加工业	482292	219.47	2.38	6.06	−0.61
黑色金属冶炼和压延加工业	355462	130.86	1.75	3.61	−0.52
专用设备制造业	350575	246.88	1.73	6.82	−0.75

综合表 2-10、表 2-11、表 2-12 可知,在 2010—2014 五年间,镇海区产业用地在地均产出和地均税收两项指标中要优于与之一江之隔的北仑区,这说明镇海区产业用地的整体效益较好,单位产出较高。但同时,我们也应该注意到,镇海区行业间的地均营业收入和利润情况存在较大的分化差异。2014 年,高产出、高利润的行业如石油加工、炼焦和核燃料加工业的地均营业收入和地均利润分别达 13909.76 万元/公顷、456.25 万元/公顷,而专用设备制造业的对应指标仅为 1420.04 万元/公顷和 21.16 万元/公顷,行业间的差距较大。根据表 2-11 还可发现,镇海区除石油加工、炼焦和核燃料加工业和废弃资源综合利用业外,地均经济效益普遍较低,镇海区和北仑区两地的化学原料和化学制品制造业、电气机械和器材制造业以及专用设备制造业等产业更是相差 2 倍以上。根据课题组对镇海区典型产业用地经济效益及其用地偏离度的计算,在课题组采样的九大产业中,也仅有石油加工、炼焦和核燃料加工业和废弃资源综合利用业的产业结构偏离度为正值,其他均为负偏离,说明这些行业的用地综合效益较低,急需进行土地集约节约利用,提高单位产出。

(四)镇海区的低效产业用地调查

2014 年 5 月,浙江省政府发布了《关于全面推进城镇低效用地再开发工作的意见》,标志着城镇低效用地再开发工作在浙江省全面启动。对于镇海区而言,城镇低效用地再开发也有着明确的现实意义。

首先,镇海区经济社会发展已进入建成全面小康社会的决定性阶段,各类用地需求十分强劲,用地缺口巨大。充分挖掘城镇低效用地的潜力,对这些土地进行再开发,有利于盘活存量土地,增加城镇建设用地的有效供给,破解土地瓶颈制约,为全区经济社会发展提供用地保障。其次,根据镇海区分区规划以及《镇海区国民经济和社会发展第十二个五年规划纲要》,镇海要全力推进新城开发,重点打造新城北部商务区,老城后海塘区域要加快开发建设宁波大宗货物海铁联运物流枢纽港。开展城镇低效用地再开发工作,加大产业用地内涵挖潜,有利于调整土地利用结构,提高土地利用效率,加快产业转型升级。再次,2003 年以来宁波市实施"腾笼换鸟"政策,让一批市区的重点企业如埃美柯等迁到骆驼街道的机电园区和九龙湖镇三星工业园区,予以先行用地。但是,由于受 2004 年国家土地市场治理整顿、土地停批等宏观政策调整影响,目前两个园区内至今仍有较多企业未办理相关用地审批手续,在群众中影响较大。开展城镇低效用地再开发工作,可积极利用相关政策解决历史遗留问题,促进企业二次发展。最后,根据《镇海区国民经济和社会发展第十二个五年规划纲要》,镇海区要有序推进骆驼老镇改造,同时,积极促进入驻镇海区的部、省属大企业参与城市化建设,加快镇海炼化生活区改造提升。开展城镇低效用地再开发,改造提升旧厂矿、旧城镇、旧村庄,以优化国土空间布局和土地资源配置,切实改善城镇人居环境,提高群众幸福指数。

课题组跟随宁波市国土资源局对镇海辖区内的低效城镇用地再开发情况进行了调查分析。本次调查显示,截至 2014 年年底镇海区 539.78 公顷的低效用地,主要分布在招宝山街道、骆驼街道和蛟川街道,三个街道的低效用地分别占全区低效用地的 40.82%、29.75% 和 14.31%,是今后低效用地再开发的重点和潜力集中区。本次划入城镇低效用地范围的已用未审批土地主要分布在骆驼街道和九龙湖镇,面积分别为 45.48 公顷和 21.47 公顷,分别占已用未审批土地总面积的 62.96% 和 29.72%。在本次划定的城镇低效用地中,国有土地面积为 467.54 公顷,集体土地面积为 72.24 公顷。判定土地权属的数据依据来源主要是集体土地发证资料。在蛟川街道、招宝山街道、骆驼街道以及澥浦镇城镇低效用地中,国有土地占较大比重,庄市街道和九龙湖镇国有土地和集体土地比重较接近。结合国土资源部试点文件和本次调查办法的要求,此次镇海区城镇低效用地再开发调查区共分为旧城镇、旧村庄、旧厂矿和其他四种类型。在本次调查全区划定的 108 个调查区中,属旧城镇类型的有 32 个,属旧村庄类型的有 1 个,属旧厂矿类型的有 73 个,属其他类型的有 2 个。镇海区城镇低效用地类型主要为旧厂矿和旧城镇,面积分别为 346.00 公顷和 175.39 公顷,分别占全区城镇低效用地总面积的 64.10% 和 32.49%;旧村庄面积为 17.01 公顷,占全区城镇低效用

地总面积的 3.15%;其他面积为 1.39 公顷,占全区城镇低效用地总面积的
0.26%。在本次镇海区城镇低效用地再开发调查中,镇海区已登记发证的
土地有 467.54 公顷,占低效用地总面积的 86.62%;无合法手续的土地有
72.24 公顷,占低效用地总面积的 13.38%。骆驼街道和九龙湖镇的无合法
手续土地的占比较高,分别占全区无合法手续土地的 62.96% 和 29.72%。

根据上述调查数据,课题组分析总结如下:

(1)本次镇海区划定城镇低效用地总面积 539.78 公顷,其中旧厂矿占
比最大(64.10%),旧城镇次之(32.49%)。旧厂矿地块主要分布于招宝山
街道后海塘物流园区内及蛟川街道镇海经济开发区内。镇海撤县建区后,
城区发展主要采用以城关为中心的县域发展模式。进入 21 世纪,这种模式
难以适应新的发展形势。为了解决长期困扰镇海发展的环境、空间等问题,
协调镇海各功能区块的发展,根据镇海区分区规划以及《镇海区国民经济和
社会发展第十二个五年规划纲要》,明确镇海老城、部分蛟川街道和镇海经
济开发区是以生活居住、商贸办公及一、二类工业为主的综合性功能区,主
要完善各类公共服务设施和市政基础设施,为浙东生产性港口物流中心和
宁波大宗货物海铁联运物流枢纽港配套,强化服务功能。因此,招宝山街道
后海塘物流园区及蛟川街道镇海经济开发区内的部分用地"退二进三",优
化产业功能布局,以加快老城区及蛟川片区的融合发展。旧城镇地块主要
分布于骆驼街道及澥浦镇 329 国道附近。根据《镇海区国民经济和社会发
展第十二个五年规划纲要》,镇海区要全力推进新城开发,重点打造新城北
部商务区,有序推进骆驼老镇改造。

(2)本次城镇低效用地再开发调查地块中无合法手续的土地主要分布
于骆驼街道的骆驼机电园区和九龙湖镇的三星工业园区内。这两个园区内
尚存在部分土地未完善相关用地审批手续的情况。通过本次低效用地再开
发的相关政策,可有效化解历史遗留的工业违法用地问题。因此,在后续的
再开发工作中要积极利用相关政策解决以上历史遗留问题。

(3)按照国土资源部要求,本次再开发工作试点时间为 4 年,2017 年结
束。从镇海区目前的情况看,虽然面积不是很大,但是由于再开发涉及利益
调整大、现行拆迁政策优惠力度过大、宁波市政府城镇低效用地再开发相关
配套政策尚未出台等,实施难度依然存在,因此,后期在制定年度实施计划
与专项规划中需要合理安排实施时序。

四、生活空间基础条件

为人类提供生活空间是城市的基本职能之一。在城市的生活空间中,

人们可以居留、休息以及互相交往,生活空间是人类生活中不可或缺的空间,它与城市的其他空间相互作用,进而形成一个动态的城市空间。尽管学界尚未对城市生活空间进行明确定义,但与之相关的研究却一直备受关注。课题组认为,城市生活空间是城市社会活动的基本组成部分,可将其视为居住空间、商业空间、公共空间等相关概念的复合体。随着区域经济和科学技术的迅猛发展,人们的物质生活水平得到了前所未有的提高。人们不止要求吃饱穿暖,对生活空间也有了更高的要求。对于镇海这样一个传统的重化工业城市,研究其人类生活空间的成长过程与空间分布无疑具有重要的现实意义。在本节中,课题组将镇海区中的居住用地、商业用地和基础设施用地均视为生活空间,探讨其规模、分布及与其他空间的相互关系。

（一）生活空间的用地规模分析

根据 2013 年的宁波市城市土地利用调查(见表 2-13),宁波市辖六区的居住、商服、道路与交通设施、公共管理与公共服务设施用地分别为 9591.2 公顷、1941.7 公顷、2871.7 公顷和 2135.0 公顷,约占全部城市建设用地的 46.5%。其中,镇海片的居住、商服、道路与交通设施、公共管理与公共服务设施用地面积分别为 367.9 公顷、62.3 公顷、284.0 公顷和 48.0 公顷,四者合计约占镇海辖区全部城市建设用地的 26.8%,不足全市的平均水平。分指标看,镇海辖区内的居住用地和公共管理与公共服务设施用地的占地比例分别为 13.0% 和 1.7%,低于全市平均水平(27.0% 和 6.0%);商业服务设施用地占地比例为 2.2%,低于全市平均水平(5.5%);道路与交通设施用地为 10.0%,略高于全市平均水平(8.1%)。从人均情况看,镇海区人均居住用地面积为 24.2 平方米,低于全市人均居住用地平均水平(31.5 平方米),也低于国家规划标准(人均居住用地为 28.0～38.0 平方米);人均商服用地和人均公共管理与人均公共服务设施用地也均低于全市的平均水平。

表 2-13　2013 年镇海区和宁波市的用地情况

用地代码	用地名称	镇海区			宁波市		
		用地面积/公顷	比例/%	人均/平方米	用地面积/公顷	比例/%	人均/平方米
R	居住用地	367.9	13.0	24.2	9591.2	27.0	31.5
A	公共管理与公共服务设施用地	48.0	1.7	3.2	2135.0	6.0	7.0
B	商业服务设施用地	62.3	2.2	4.1	1941.7	5.5	6.4

续表

用地代码	用地名称	镇海区			宁波市		
		用地面积/公顷	比例/%	人均/平方米	用地面积/公顷	比例/%	人均/平方米
S	道路与交通设施用地	284.0	10.0	18.7	2871.7	8.1	9.4
H11	城市建设用地	2841.0	100	186.9	35562.7	100	116.7

注:本表未包含村级建设用地。

(二)生活空间的分布情况分析

从空间分布来看,镇海区的生活空间整体上呈现出较为明显的聚落形态,但是也有部分农居点呈散落分布。根据所处的地理位置,连片的生活空间可分为三大区域:一是由招宝山街道和蛟川街道老城区所组成的东片区。该区域受益于镇海临港、临江工业的发展,多为附近工业园区的配套住房或相关生活基础设施。由于开发较早,且是镇海老城区所在地,该区域的公建配套设施建设较为成熟。但又因为该区域毗邻工业园区,存在人口和生产企业的集聚效应,与生活和工作相关的停车、环境卫生以及公共管理方面正面临着较大的压力。随着镇海新城的开发建设以及产业布局的调整,老城区的人口和部分企业将得到逐步分流,这些问题将会得到一定程度的缓解。二是坐落于庄市街道的镇海新城南区。作为镇海新城的教育和高科技产业研发基地,该区域交通发达,人口密集,居住用地规模和面积均较大,住宅密度较高。目前,该区域内已建成合生国际城、维科拉菲庄园、芳辰丽阳等一批颇具规模的现代化居住区和具有较高水准的鑫隆花园、柳岸晨韵等安置区。与此同时,镇海万科城、公元世家等一批高档住宅项目,以及锦绣曙光三期、翰香景庭一期、联兴家园二期等一批安置房项目,也已投入使用。商品住宅项目和安置房项目的不断建成投用,改善了居住条件和环境,同时也吸引了周边居民前来购房置业,提高了人气集聚度。另外,该区域的基础配套设施建设也正在逐步完善。2013年1月,明海商业广场建成投用,乐购超市、大地数字影院、城市之星电玩城等一批项目进驻。明海商业广场建成投用6个月后,用地面积2.5万平方米、建筑总面积7.6万平方米的万科广场正式开工建设。总用地面积约19.8万平方米的绿轴体育休闲公园,也已正式对外开放,每天吸引大批市民前来健身、休闲、娱乐。以雄镇、清风两大生态林带为主线,环线串联宁波帮博物馆、绿轴体育休闲公园、邵逸夫旧居、阮家祠堂等十余处人文自然资源的"商帮寻根"精品线,一期、二期都已完工。

在蛟川书院、龙赛中学、镇海职教中心落户庄市的基础上,陆续建设蛟川双语小学、镇海实验小学,优质教育资源进一步集聚。总之,该区域的现代都市形象已初步展现,具有较强的城市活力。三是位于骆驼街道辖区内的镇海新城北区。该区毗邻机电工业区块,也是镇海未来规划的行政商务中心。该区域采用"一心、一廊、一轴、七个规划控制单元"的总体布局。"一心"是指镇海行政商务中心;"一廊"为行政中心和老镇民居点之间的南北向绿化休闲廊道;"一轴"则是沿镇海大道的公建发展轴;"七个规划控制单元"是以主要交通干道划分的七个规划控制单元。该区域的公共管理设施用地主要分布于镇海大道南侧,其中片区级公共服务设施为新城核心区的公建核心,主要布置市民广场、商业中心、行政办公、商贸服务等功能区,服务整个镇海区。

(三)居住用地出让情况分析

2010—2014 年,镇海区房地产用地(尤其是住宅用地)受宏观调控、市场波动等因素的影响,无论成交宗数、面积,还是成交地价、出让金额均有明显的起伏,如表 2-14 所示。在成交量方面,2010—2014 年镇海区分别挂牌出让房地产用地 12 宗、2 宗、2 宗、7 宗和 2 宗,面积分别为 96 公顷、24 公顷、9公顷、44 公顷和 20 公顷。在土地出让金方面,2012 年房地产出让金不足 2亿元,不到高峰年份的 1/30。2010 年房地产出让金达到峰值,2011 年又大幅下滑,仅约为 4.9 亿元。住宅用地出让金的波动起伏除了受宏观政策、土地市场等因素影响外,还与地块的区位有关,如 2012 年镇海区土地成交以九龙湖区块为主,远离中心城区,地价水平较低,均以底价成交。

表 2-14　2010—2014 年镇海区居住用地出让情况

年份	土地宗数	土地面积/公顷	土地出让金/万元	土地单价/(元·米$^{-2}$)
2010	12	96	631090	6574
2011	2	24	49023	2043
2012	2	9	16299	1811
2013	7	44	302459	6874
2014	2	20	51783	2589

(四)生活空间与产业空间的相对位置分析

按照早期的发展思路,镇海区是依托河口港而建设的工业化城镇,在城区内,产业空间的建设带动了人居生活空间的建设发展。因此,早期出现的生活空间多是临港产业空间的配套,主要用于解决员工的住宿问题,减少长距离的通勤。因此,早期的生活空间多离工业区较近,进而产生工业区、居住区混杂,民生服务工程与生产制造工程交织在一起的现象。而限于镇海区临港工业的布局以及镇海自身在地理空间上受北面临海、东面临江的地域制约,加上城市发展规划对产业空间发展成长的限制,镇海的临港产业空间发展后劲严重不足,生活空间也受到临港产业空间的挤压。

随着人们生活水平的提高,人们对居住环境和生活品质的要求也有了较大的转变。现代的城市居民更渴望亲近自然,因而绿化较好,靠近公园、广场和水系等公共休憩场所的生活环境往往更受到人们的青睐。但根据2013年的城镇地籍调查,镇海的公园、广场用地占比为6.6%,人均仅为12.3平方米,不足全宁波市平均水平的一半。从镇海城区的实际情况来看,招宝山、庄市、蛟川等街道的公园、广场配套较为完善,其他街道、镇在这方面则显得较为落后,公园布局离居民区较远,不适合步行到达。随着镇海生态环境改善工程的推进以及城镇基础设施的完善,辖区内的生活居住环境将有望得到改善。

五、生态空间的基础条件

随着城市化建设的快速推进,城市在空间利用上呈现出拥挤之势,人口、资源、环境和发展面临的问题也日益凸显。交通技术发展和产业的扩大生产,使得人类活动范围逐渐向郊区扩展,与此同时,城市在生态规划和管理方面却有所欠缺,这就导致了城市生态空间破碎化加剧,绿化斑块不断减少,生态廊道已成阻隔之势,长期得不到修复,严重破坏了城市生态系统的整体性。城市的生态环境正面临着严重的破坏和考验,阻碍了社会经济的可持续发展。构建城市生态与社会经济互相协调的生态经济城市已成为社会各界普遍关注的热点话题。近年来,随着人们对生态环境关注度的持续增强,城镇与产业用地在不断扩张的同时,自然保护区、绿化隔离带、饮用水源保护区、湿地公园、郊野公园、生态公益林等具有生态保护倾向的新的用地形式出现在农林和环保规划部门的相关批文当中,逐渐形成一种区别于城镇和农村的空间概念——生态空间。

(一)生态空间的内涵

空间是一切自然现象和人文过程发生、发展的基础。任何种群、群落和生态系统在空间中都有一定的分布范围,从而构成了生态空间。在生态空间中,每时每刻都发生着各种生态过程,生物体或生物群体的活动是与生态空间紧密联系在一起的。目前,生态领域对于生态空间概念的界定主要从三个方面展开。

(1)空间效应观点。该观点认为,生态空间是生物体与周边环境相互作用的发生体,它在一定程度上表现出一定的空间形态、空间分布现象和空间运动规律。

(2)空间功能观点。该观点认为,生态空间是某种抽象的空间范畴,生态空间通过与特定的环境要素结合,构成生物体可利用的资源。

(3)空间行为观点。该观点认为,生物体活动空间应当是整个生态空间的主题内容,着重强调生态空间的异质性。

生态空间还有广义和狭义之分,广义上的生态空间通常被认为是所有生物维持自身生存与繁衍所需要的环境条件,即处于宏观稳定状态的物种所占据的环境综合;狭义上的生态空间是指自然生态系统的空间地域范围。为了更好地阐释城市生态空间与城市社会经济活动的关系,课题组采用的主要是狭义上的生态空间。在本研究中,城市的生态空间,主要由具有重要生态服务功能的林地、草地以及农田构成,是具有自然保护、休闲度假、水土保持、生态防护等功能的地域,对于维护城市区域的生态环境健康具有重要作用,其作为地理实体,在地域上反映为生态用地所在的空间范围。需要说明的是,因为生态空间与地理空间联系紧密,其与地理空间的差别在于增加了生态属性和生态系统服务功能,因此生态空间与生态用地的概念有些类似。在本节中,课题组为了便于后续的量化分析,并未严格区分两者的概念。

(二)城市生态空间的功能特征

城市生态空间是城市各生态系统的空间载体,能够为人类提供丰富产品和良好生存环境。概括起来,城市生态空间对人类的服务功能基本可分为三大类[①]。

1. 生态功能

生态功能是城市生态空间所能提供的最直接的功能,是指在生态系统与生态过程中所形成的,维持人类生存的自然条件及其效用,包括气体调节、气候调节、水调节、水和废物净化、缓和突发事件、授粉、土壤保持、养分循环、初级生产九类具体功能。生态功能的九类功能大都来源于生态系统功能体系,同时也是生态系统功能研究中被广泛认可的基本功能。土壤、水

---

① 李广东,方创琳. 城市生态—生产—生活空间功能定量识别与分析. 地理学报, 2016,71(1):9-65.

文、植被、气候和生物要素是构成土地利用生态功能的基本组件,通过这些要素的综合作用产生具体的功能。

2. 生产功能

生产功能是指将生态空间中的土地作为劳作对象直接获取或以土地为载体进行社会生产而产出各种产品和服务的功能,它被进一步细分为生产与健康物质供给生产功能、原材料生产功能、能源矿产生产功能及间接生产功能四大类。生产与健康物质供给功能是维持人类生存和发展的基础性功能。食物和水是土地利用系统最为重要的两大功能性供给物品,而药物和基因资源供给却往往被人们所忽视。药物资源是维持人类健康的必要保证,而基因资源是扩展人类食物供给的重要途径。两者在人类生存和健康上都具有重要意义。原材料生产功能为二次生产提供基本原料。能源和矿产生产功能是维持现代工业文明社会的核心。由于大部分的能源和矿产资源不可再生,多数学者并未将其包含在传统的生态系统功能中。但是,从土地利用系统的视角来看,在一定时间范围内能源和矿产用地的属性是大体不变的,而且忽视能源矿产资源生产功能的土地利用系统是不全面的。土地系统提供的间接生产功能其实并不是真正的生产,其本质功能来源于其对地上附着物的承载,只是由于其承载的地上活动是间接生产的而将其归于生产功能,这样划分也是为了将其与生活功能区别开来。

3. 生活功能

生活功能是指土地在人类生存和发展过程中所提供的各种空间承载、物质和精神保障功能,可具体细分为空间承载与避难功能、物质生活保障功能和精神生活保障功能。居住承载、交通承载、存储承载和公共服务承载功能是维持城市和区域系统运行的基底。同时,由土地系统提供的基本物质生活保障功能是维持人的基本生活需要的最后一道防线。农业人口占较大比例的中国更是如此。例如,耕地系统给予人的不仅仅是传统的生产功能,还有生活和工作的基本保障。在提供基本物质生活保障的同时,精神生活保障功能也是土地功能体系的核心内容。大自然为科学研究和教育活动提供了天然的研究对象。自然和人文景观更是人类追求休闲、文化、艺术以及精神和历史的源泉。

（三）生态空间的构成

有关生态空间的构成主要存在两种观点[①]。一种认为，凡是具有生态服务功能，对于生态系统和生物生境具有重要保护作用的地区都可视为生态空间，即包括农田、林地、草地、水域、沼泽等在内的，地表无人工铺装，具有透水性的地面都是生态用地，属于生态空间的范畴。另一种观点认为，应以土地的主体功能来划分生态用地和生态空间，对于以经济产出为核心目的的农业生产用地，如耕地、养殖水面等不能作为生态空间，以利于更有效和更有针对性地保护和管理生态用地。

实际上，上述两种观点均是基于特定的研究背景和需要的，不能完全照搬，需要结合研究自身的需求和特点，制定相应的城市生态空间组分。本节根据镇海的实际情况，结合课题组研究的方向，采取如下原则对研究区域生态空间进行分类构建。

（1）科学性原则：各类用地应具有明确的功能与统一的空间属性特征，并且概念清晰，含义准确，内容不互相交叉。

（2）全面性原则：各类型的生态空间应能够全面反映城市土地系统的组成，包括城区、近郊以及远郊。

（3）协调性原则：应与我国建设部以及国土资源部的土地分类相协调，可以互相归并与核算。

（4）易用性原则：基本适应课题组研究所需，便于数量统计和分析，可操作性强。

（5）大众性原则：各类土地分类名称除具有明确的含义外，还需容易被社会公众理解。

基于上述原则，课题组采取如表 2-15 所示的城市生态空间构成对镇海区生态空间进行定量分析。

---

① 杨荣金，周申立，王兴贵，等. 生态用地研究进展综述. 中国环境管理干部学院学报，2011,21(2):33-35.

表 2-15 镇海区城市生态空间构成

城市生态空间	城镇生态绿地	公园绿地:向公众开放,以游憩为主要功能,兼具生态、美化、防灾等功能的绿地。
		工业绿地:工业用地内的绿地。
		居住绿地:城市居住用地内社区公园以外的绿地,包括组团绿地、宅旁绿地、配套公建绿地、小区道路绿地等。
		道路绿地:道路广场用地内的绿地,包括行道树绿带、分车绿带、交通岛绿地、交通广场和停车场绿地等。
	乡村生态绿地	耕地:种植农作物的土地,包括熟地,新开发、复垦、整理地,休闲地(含轮歇地、轮作地);以种植农作物(含蔬菜)为主,间有零星果树、桑树或其他树木的土地。
		林地:生长乔木、竹类、灌木的土地,以及沿海生长红树林的土地。包括迹地,不包括居民点内部的绿化林木用地,铁路、公路征地范围内的林木,以及河流、沟渠的护堤林。
		园地:种植以采集果、叶、根、茎、汁等为主的集约经营的多年生木本和草本作物,覆盖率大于50%或每亩株数大于合理株数70%的土地。

（四）镇海区生态绿地状况分析

根据课题组对镇海区生态用地分布和数量的调研(见表 2-16)可知,截至 2014 年,镇海区共有生态绿地 10017.69 公顷,占其行政区面积的 42.24%,按全区户籍人口 25 万人计算,人均绿地达到 400 平方米,无论是总量还是平均数量,在宁波市范围内都位居前列。从生态绿地的具体组成来看,耕地、林地占有较大比重,分别为 6167.84 公顷和 3342.34 公顷,各占生态绿地总面积的 61.57%、33.36%;园地相对较少,为 431.88 公顷,占生态绿地的 4.31%;城镇生态绿地最少,仅为 75.63 公顷,占城镇生态绿地的 0.75%,而从其在城镇村及工矿用地的占比情况来看,城镇生态绿地所占比例也仅为 0.94%。从空间分布上看,镇海区的生态绿地基本能够呈连片的分布形态。其中林地主要集中在西北部的低山丘陵区域,形成了天然森林景观,也为镇海打造森林城镇提供了坚实基础;耕地和园地主要集中在镇海中部的平原地带,以水田、果园为主;城镇生态绿地零星分布在城区,主要为公园绿地、生产绿地以及成片的居住绿地。分街道看,九龙湖镇的生态绿地覆盖率最高,为 78.65%,这里集中了镇海近 30%的耕地和大部分林地,是宁波发展生态农业和绿色旅游的重要基地;招宝山街道的生态绿地覆盖率最低,仅为 3.73%,招宝山街道是镇海老城区的所在地,人口、社会经济活动较为集中,其辖区范围内几乎没有大面积的耕地、园地和林地等农用地,大部分是城乡建设用地;蛟川街道的生态绿地覆盖率为 17.46%,也处于较低水平,其辖区内的城镇生态绿地面积仅为 1.53 公顷,由于蛟川街道同时也是镇海化工企业的集聚地,驻有中石化镇海炼化分公司、浙能镇海发电公司、中石化第三建筑公司、浙江金甬腈纶有限公司等全国特大型企业和各部委、省属、市属重点工程项目,其生态安全与保护形势较为严峻;骆驼、庄市和澥浦等街道(镇)由于辖区内仍保留了大面积的农用地,生态保障仍有较大的提升空间,三个辖区的生态绿地覆盖率分别为 41.30%、33.32% 和 29.22%。2014 年镇海区各镇、街道生态绿地分布情况如图 2-3 所示。

表 2-16　2014 年镇海区各镇、街道生态绿地组成情况

行政区	耕地/公顷	园地/公顷	林地/公顷	城镇生态绿地/公顷	非生态绿地/公顷	行政区面积/公顷	生态绿地覆盖率/%
招宝山街道	9.76	0	14.48	30.10	1401.32	1455.66	3.73
蛟川街道	476.17	164.22	0	1.53	3034.09	3676.01	17.46
骆驼街道	1781.20	69.95	0	16.07	2653.39	4520.61	41.30
庄市街道	799.61	39.78	0	22.49	1725.10	2586.98	33.32
澥浦镇	1215.81	10.42	207.12	5.44	3484.44	4923.23	29.22
九龙湖镇	1885.29	147.51	3120.74	0	1398.59	6552.14	78.65
镇海区	6167.84	431.88	3342.34	75.63	13696.93	23714.63	42.24

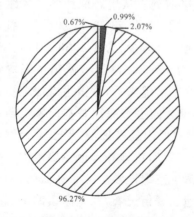

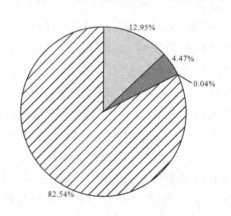

招宝山街道生态绿地组成情况　　　　蛟川街道生态绿地组成情况

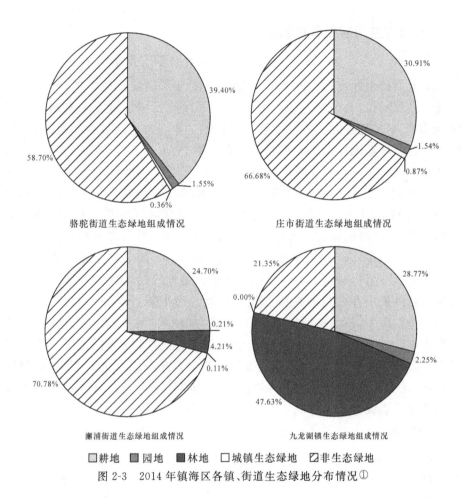

骆驼街道生态绿地组成情况

庄市街道生态绿地组成情况

澥浦街道生态绿地组成情况

九龙湖镇生态绿地组成情况

□耕地 ▨园地 ■林地 □城镇生态绿地 ▨非生态绿地

图 2-3 2014 年镇海区各镇、街道生态绿地分布情况①

第三节 存在的问题及原因分析

基于前文的现状分析,本节首先对镇海区空间利用存在的主要问题进行概括,然后结合我国现行的土地管理制度、国家规划用地标准、各类用地间的空间互动以及未来发展趋势等方面具体探讨镇海区的工业空间、生活空间以及生态空间存在的问题及其原因。

---

① 在计算百分比时,有时会因为四舍五入出现比例相加不为 100% 的情况,这不影响数据的客观性。

一、镇海空间利用存在的主要问题

（一）城市空间增长速度过快，新、老城的协调发展有待加强

土地城镇化速度远大于人口城镇化速度是我国城市建设的通病，城市空间的过度增长、人口和建设用地的不协调发展压缩了城市未来的发展用地，加剧了本来就存在的人地矛盾。和其他工业城市空间发展的轨迹相似，镇海也经历过城镇规模快速扩张的阶段。以2006—2015年近十年为例，镇海城市规模由2961.04公顷增长为5078.84公顷，年均增长211.78公顷，平均增长率为7.15%。而在2006—2015年，镇海区的城镇户籍人口由153571人增长为173430人，年均增长率为5.08%。根据城市规模与人口协调发展的相关理论，镇海的城市用地增长弹性系数（弹性系数＝城市用地增长率÷城市人口增长率）为1.41，已超过业界公认的1.12的合理水平。而从人均建设用地这一指标看，2015年镇海人均建设用地已达292.85平方米，这说明镇海在发展中存在空间扩展过快的问题。为了缓解老城区人口、资源及生态环境的压力，镇海按照宁波市"中提升"战略和"两中心、一基地"的区域发展要求，于2001年启动镇海新城建设。临近三江口的骆驼、庄市成为新的发展腹地和投资重点，镇海整体发展中心向西偏移。在此过程中，如何规划新城、优化老城，并使两者能够在空间上协同发展，是镇海区相关的主管部门需要重点关注和考虑的。

（二）城市正面临转型发展，城市空间的结构、功能、布局调整压力巨大

当前，镇海正处于城市转型发展的关键时期。根据《宁波市镇海区分区规划（2004—2020年）》，镇海发展定位为建设教育科技发达、生态环境良好、产业结构多样化、产业技术现代化、交通物流畅通、具有江南水乡特色、布局合理、功能完善、环境优美的生态型现代化园林城区。特别是随着国家生态文明示范区的落户，镇海以绿色发展、生态宜居、建设美丽新镇海作为"十三五"发展的重点方向，努力实现从传统的工业重镇过渡为宜居宜业的美丽新城，镇海在城市空间的结构、功能、布局等方面均亟待调整。在这个过程中，需要政、企、民合力、多方联动来共同实施推进。然而由于早期落户镇海的产业多以国企、外企居多，在土地利用上存在一定历史遗留问题，产业外迁、资金落实、配套政策以及原厂区的空间利用方面均需要慎重考虑，相关工作推动的阻力和难度都相当大，这也是镇海在"十三五"期间亟待解决的问题。

（三）城市绿地综合生态环境效益发挥不明显，生态空间规划有待完善

镇海十分重视生态城市建设，于2003年启动国家级生态示范区创建，

提出构建"三大体系",推进"六大工程",提高镇海城区的生态环境质量。经过十余年的努力,镇海的生态建设取得了阶段性成效,目前已建成海天、镇骆、雄镇、清风和绕城五条生态防护林带,先后获得"全国第五批国家级生态示范区""浙江省首批省级生态区"等称号。但是由于自然条件的约束和产业功能定位的实际状况,镇海生态建设工作仍存在一定的困难和问题。通过对区域雾霾与汽车尾气排放的相关性研究后发现,与一江之隔的北仑相比,两区在工业生产的综合能耗方面量级相当(根据 2015 年数据测算),但镇海空气中的二氧化硫含量却近乎北仑区的两倍。镇海城市绿地规划在通风廊道设计、植被种类搭配、绿地斑块设置及布局优化等方面,仍有较大的提升空间。

二、工业空间存在的问题及原因分析

(一)工业用地总量过大,规划空间布局受限

从城市工地利用现状上看,镇海片区 2014 年的工业用地总面积达 3621.36 公顷,约占城镇村及工矿用地面积的 45.20%,已远超国家规划标准。镇海正面临工业用地总量过大、土地规划空间受限的困局,这主要与早期镇海发展工业重镇的规划定位有关。根据《宁波市城市总体规划(2004—2020 年)》,镇海片区 2020 年的城镇工业用地的规划面积为 1676.3 公顷,而截至 2014 年年底,仅招宝山、蛟川两个街道的工业用地已达 1840.02 公顷,可见后续镇海在产业空间结构的调整方面面临严峻的挑战。另外,随着浙江海洋经济发展示范区建设上升为国家战略,镇海区提出"重塑新优势、实现新跨越"的战略要求,以及宁波市委、市政府提出建设"新材料科技城"的重大决策部署,镇海未来仍需要一定的产业用地保障。

(二)工业用地利用粗放,再开发潜力较大

虽然镇海区面临较大的用地缺口,但工业用地粗放利用的现象仍然存在。根据本次调查,截至 2014 年年底低效用地的总面积达 539.78 公顷,其主要为旧厂矿(约占全部低效用地的 64.10%),这些旧厂矿主要分布于招宝山街道后海塘物流园区内及蛟川街道镇海经济开发区内。究其形成原因,主要是早期镇海撤县建区后,城区发展主要采用以城关为中心的县域发展模式。进入 21 世纪后,这种模式也难以适应新的发展形势。为了解决长期困扰镇海发展的环境、空间问题,协调镇海各功能区块的发展,根据镇海区分区规划以及《镇海区国民经济和社会发展第十二个五年规划纲要》,明确镇海老城、部分蛟川街道和镇海经济开发区是以生活居住、商贸办公及一、二类工业为主的综合性功能区,为浙东生产性港口物流中心和宁波大宗货

物海铁联运物流枢纽港配套,强化服务功能。在这样的背景下,招宝山街道后海塘物流园区内及蛟川街道镇海经济开发区内的部分土地急需"退二进三",优化产业功能布局,加快老城区及蛟川片区的融合发展。从工业用地的地均 GDP 来看,虽然近年来持续提高,但是如果排除镇海炼化产值巨大的因素,镇海区工业用地利用水平仍然不高,且有较大的开发潜力。

(三)工业绿地严重不足,生态环境堪忧

城区的工业绿地建设严重缺乏且分布不合理。由前述的生态空间分析可知,2014 年镇海的城镇生态绿地面积仅为 75.63 公顷,不足全区生态绿地总量的百分之一,占全区城乡建设用地面积总量的比重为 0.94%,其中工业绿地更是严重匮乏,建设滞后。在空间分布上,工业绿地多在工业区内部,工业区外多为农田,绿化隔离功能不强,且受季节影响严重,城市绿地斑块之间缺乏联系,不成体系,无法满足工业空间和生活空间之间的生态隔离需求。这种现象产生的原因主要为在城市工业发展的早期对城市绿地建设重视不足,且没有充分考虑和利用城区内原有的地理条件和资源状况。

(四)工业用地规划滞后,工业空间布局有待优化

由于早期发展多采取以项目带动开发的思路,为了促成项目落地,迁就投资方意愿,忽视了城区整体规划布局,形成了中心城区被工业项目包围的局面,产业难以做到以城市可持续发展的原则进行布置,进而导致部分城区用地布局不甚合理,具体表现在产业用地结构失衡,油气管线布设重叠无章,旧厂矿、旧城镇普遍存在,公建配套设施不足等。城区的自然环境、生活环境和投资环境不断恶化,导致城市整体的品质下降,也影响了优质项目的引进和人才的集聚。

三、生活空间存在的问题及原因分析

(一)人多地少,土地供需矛盾突出

20 世纪 90 年代,镇海拥有耕地 11055.63 公顷,约占辖区总面积的 47.60%,曾是浙江省九个重点产棉县之一。随着宁波港镇海港区、镇海炼油厂、镇海发电厂和宁波海洋渔业基地等重点工程相继落户,镇海的工业迅猛发展,城市也得到迅速的扩张,与此同时带来了农用地急剧减少,大量耕地转为建设用地的问题。截至 2014 年年底,镇海拥有耕地 6167.84 公顷,占辖区总面积的 26.01%,缩减了近一半。近年来,镇海区的户籍人口数量增长较为稳定,根据《2015 年宁波市镇海区国民经济和社会发展统计公报》,截

至 2014 年年底,镇海的户籍人口数量保持在 23 万人左右,流动人口约为 20 万人。按照总人口计算,镇海区的人均耕地为 0.22 亩,仅为全国平均水平的 1/6。从人口结构上看,2015 年镇海的非农业人口数量约为 17.5 万人,人均居住用地为 21.02 平方米,略低于 23 平方米的国家规划控制标准,人口居住密度较大。随着镇海经济的飞速发展,人口集聚加速,镇海城镇建设用地的需求进一步增加。在当前国家重视耕地保护、生态文明建设的大环境下,镇海区的建设用地供需矛盾现象将更加突出。可以预见,在今后的几年中,土地资源的匮乏仍将是制约镇海城市发展的瓶颈之一。

(二)村镇布局零散,城乡建设用地结构有待优化

镇海的农居点布局较为散乱,除去九龙湖受地形地势限制、招宝山几乎全部为城镇建设用地外,其余几个街道(镇)均在不同程度上存在农居点与城镇建设用地混杂布局的现象,这势必在一定程度上造成用地空间的破碎化和斑块化、土地资源浪费的现象,也会导致管理体制不顺、城镇运行效率低下等问题。另一个值得关注的现象是,2013 年镇海的人均城市建设用地面积达 186.9 平方米,已远大于国家规定的 150.0 平方米的上限值。从镇海区作为宁波市城市副中心的定位和全域城市化的发展战略来看,农村居民点用地面积仍然偏大,城乡用地结构还有待进一步优化。

(三)基础设施空间不足,城区人居环境尚需改善

从表 2-13 中可以看出,2013 年,镇海区的公共管理与公共服务设施用地面积为 48.0 公顷,人均仅为 3.2 平方米,不足全市平均水平的 1/2。尽管根据《宁波市城市总体规划(2004—2020 年)》,镇海区的规划公共管理与公共服务设施用地面积为 65.2 公顷,但按人均计算仍无法达到全市的平均水平。基础设施空间的不足直接影响了城区人居生存环境的整体质量,这在老城区表现得尤为明显。镇海老城区一般是指招宝山街道老城区的延伸扩展,包括整个招宝山街道和蛟川街道的部分区域,即沿着宁镇路两侧(南侧到甬江,北侧到中官路),向西延伸(宁波市区方向延伸)到南北走向的金丰路。这部分区域开发较早,曾是镇海的政治和经济中心,相关的基础配套设施较为完善。但随着区内经济的飞速增长、人口的不断集聚,加之人们对生存环境质量追求的提升,该区域的人居环境质量正日趋降低。以城区交通为例,镇海老城区的主次干道较少,支路较多,路网结构设计不合理,道路通行条件较差,通行能力不足,交通拥堵现象时有发生。目前,镇海的机动车每年以近乎 10% 的速度增长,镇海有近 40% 的机动车在老城区,而整个老

城区总共停车位有 2711 个,所以平均每 14.2 辆机动车只有 1 个合法的停车位,这一比值与国际公认的每辆机动车配备 1.15~1.30 个停车位的要求相差甚远。大量机动车因无处可停而随意停放在次干道、支路上,严重影响了日常的交通秩序和道路交通安全,也影响了群众的居住、出行。

四、生态空间存在的问题及原因分析

(一)城镇绿地指标偏低,生态基础设施严重匮乏

根据表 2-16 可知,截至 2014 年,镇海区拥有各类生态绿地合计 10017.69 公顷,辖区的生态绿地覆盖率达 42.24%,但从生态绿地的具体组成类型可以看出,主要为耕地和林地,城镇生态绿地所占的比重极小,不足百分之一,仅为 75.63 公顷。而从城镇建设用地组成结构的角度分析,城镇生态绿地占城镇建设用地的 1.49%,比例也远达不到国家规划 10% 的最低标准。另外,镇海城区的公共开放绿地也严重匮乏,根据官方公布的数据,镇海区目前已建成区综合公园 5 个、专类公园 1 个、社区公园 13 个、带状公园 20 个、休闲绿地 48 个,拥有公园绿地面积 20.3 公顷,按全区城镇户籍人口 17.5 万人计算,人均公园绿地面积仅为 1.16 平方米,远远低于全国 13.16 平方米的平均值。造成人均指标偏低的原因一方面是课题组在进行城镇绿地统计时,仅仅考虑了纯绿地的面积,而像公园中的非绿地部分、道路中间细小的绿化隔离带等并未包含在内;另一方面则是镇海区在城镇生态基础设施方面的建设确实滞后于其他方面的建设。尽管近年来镇海十分重视区内的生态环境建设,相继启动了生态防护林带建设、河道两岸绿化、矿山复绿等工程,但在建成区内,生态基础设施建设仍有较大的提升空间。

(二)部分地区生态绿地碎片化分布,生态隔离功能较弱

镇海早期为工业重镇,工业用地作为地方经济发展的重要载体,在推动镇海区工业化和城市化快速发展的同时,也存在着盲目扩张的倾向,尤其在重大项目的招商上,存在土地服从项目的现象。工业区的兴起和扩建通常伴随着大量农用地被征用。在这个过程中,如不合理制定城市规划,往往会造成农用地的斑块增多,破碎化加剧,严重损坏自然生态结构和功能的完整。镇海在蛟川、骆驼街道等存在一定量的农用地斑块,这些图斑大的有 10 余公顷,小的仅 0.2 公顷。由于历史遗留问题、相关法规不明确以及拆迁成本高等诸多因素的限制,这些呈碎片化的农用地斑块在相当长一段时期内仍将存在。破碎化的生态空间对镇海工业区的生态隔离带也带来一定影响。一方面,碎片化的生态空间无法形成连续的绿化防护带,不能有效隔离

粉尘、废气、噪声;另一方面,各生态斑块之间缺少有机的联系纽带,无法形成生态意义上的可达性通路,不利于生态能量和物种在斑块间的有机流动。

(三)大气污染治理形势严峻,城市生态网络系统尚需优化

镇海作为石油化工重镇,其空气污染曾一度严重到影响市民的生活。在"十二五"期间,镇海区围绕建设"现代化生态型港口强区"目标,将生态环境整治列为首要发展战略,确立"生态环境是最大民生"理念,出台《镇海区生态文明示范区建设暨生态环境整治五年行动计划》,提出了清洁空气、产业提升、节能减排、碧水绿岸、宜居城区、美丽乡村、行为创新等七大行动37项重点工程,大力整治煤灰粉尘、有机废气等本地群众关切的突出环境问题。经过近五年时间的整治,全区累计投入生态环境整治资金超过100亿元,区内生态环境明显改善。但是,生态整治和保护是一个长期的系统工程,镇海区当前的空气环境保护形势依然较为严峻。根据课题组对2015年宁波市各区空气环境质量的测算,镇海区大气中的二氧化硫含量仍为六区中最高。缓解这一难题一方面要从产业升级、降低能耗着手,另一方面则需要对城市生态网络系统进行科学优化,综合城市地理特征、气候条件和高污染企业的空间分布,设计城市通风廊道和绿化隔离带,同时适当增加城区的绿地斑块,合理搭配植被物种,以改善局部地区的微气候。

第三章 明确优化思路,完善空间结构

党的十八大报告指出,在大力推进生态文明建设的过程中,要"优化国土空间开发格局","控制开发强度,调整空间结构","建立国土空间开发保护制度"。空间优化的水平和程度,直接影响并决定着区域协调、融合与安全发展的进展和效果。通过优化空间结构,提高空间效率,实现效率和公平的空间相对均衡。党的十八大报告提出要"形成节约资源和保护环境的空间格局、产业结构、生产方式、生活方式",增加了"空间格局",并在党中央和中央政府历次重要文件和重大规划中把"空间格局"放在了前所未有的高度,优化空间格局成为建设"美丽中国"的一个重点。

在新的形势下,宁波提出建设"一圈三中心"的新构想,到 2020 年,基本形成覆盖长三角、辐射长江流域、服务"一带一路"的港口经济圈,初步建成在全国有重要影响力的制造业创新中心、经贸合作交流中心、港航物流服务中心。2015 年 3 月 18 日,《宁波市城市总体规划(2006—2020 年)》(2015 年修订)获得国务院批复,此次总规修改注重市域范围内各县(市)区的协调和错位发展,形成城乡协调、功能互补的空间布局体系,宁波中心城区保持"一主两副,双心三带"的空间结构,统筹三江片、镇海片、北仑片与周边乡镇的发展,镇海临港区域在港航物流服务中心建设中发挥着重要作用,在形成宁波先进制造业体系及现代产业体系中占有重要地位。

第一节 推进"五个结合"

根据临港区域空间优化发展趋势，以及镇海区空间结构历史演变及发展现状，提出镇海区空间结构优化的总体思路，即在"坚持空间规划整体推进为统领，贯穿产业承载空间更新调整为主线，突出安全空间管制与生态空间布局为重点"的指导思想下，实现与"发展目标、资源承载力、功能提升、产业布局、安全保障"等相结合。

一、实现与发展目标相结合

要实现与发展目标相结合，必须坚持以空间规划整体推进为统领，落实空间优化与协调发展的宏观规划，明确发展目标和发展路线，并把握好空间优化与协调发展的中观范畴，明确用地结构和利用效率，以及夯实空间优化与协调发展的微观基础，明确企业区位与调整方向。由于空间规划缺乏事实上的约束性，很多空间规划虽然具有名义上的法律效力，但在执行过程中因一些执行者出于部门利益的考虑而往往难以落实，造成空间利用混乱。建立完善的空间规划评估制度，实现多层信息间的反馈和互动，通过对既有空间规划实施效果与不足、空间规划对象发展问题与走向、空间规划工作应对策略与目标的深入分析，实事求是地对空间规划工作进行改善，不断提高空间规划工作质量，保障空间规划目标实现。

综合分析临港区域发展面临的新形势与要求，结合镇海区空间历史演变及现状，主动适应经济发展新常态以及港城、产城互动发展新趋势，全力推进镇海区空间结构优化协调发展，基本实现"三生"空间即"生产、生活、生态"空间协调发展、产城空间融合发展和功能空间安全发展的新局面。根据镇海区2004—2020年发展规划，将镇海建设成为教育科技发达、生态环境良好、产业结构多样化、产业技术现代化、交通物流畅通、具有江南水乡特色、布局合理、功能完善、环境优美的生态型现代化园林城区，体现"适宜居住、便民高效、繁荣活力、特色魅力"的总体发展目标。

二、实现与资源承载力相结合

（一）以资源环境承载力为依据，管控空间开发方式与强度

《中共中央关于全面深化改革若干重大问题的决定》提出，"建立资源环境承载能力监测预警机制，对水土资源、环境容量和海洋资源超载区域实行

限制性措施","建立空间规划体系,划定生产、生活、生态空间开发管制界限,落实用途管制"。这不仅明确了资源环境承载力与国土空间开发保护的关系,也指明了要以承载力相应指标的监测作为国土空间用途管制的基础与依据。资源环境承载力是在一定时期一个地区自然资源、地理地质、生态环境等综合条件所能承载的社会经济发展总体水平,最终往往以所能承载的人口数量来表征。可以看出,由于资源、环境条件的变化,以及科学技术水平的提高,承载力是动态变化的。近年来,随着经济社会的持续快速发展,镇海区域面临的资源环境约束也持续加剧,迫切需要不断提高资源环境综合承载力。同时,优化国土空间开发格局,控制开发强度,调整空间结构,促进生产空间集约高效、生活空间宜居适度、生态空间山清水秀,也要以资源环境承载力为依据,对国土空间分区分类管理,并严格加强用途管制。忽视资源环境承载力的国土空间开发,势必造成严重后果及灾难性损失。

资源环境承载力是区域系统可承载人口数量和环境容量的重要指标,用于明确区域资源开发、环境承载的最大容量,是区域空间开发的基础。土地资源、生态环境是我们赖以生存的基础,因而在空间拓展过程中不能盲目地占用土地,要注重土地资源的合理有序利用,加强对生态环境的保护力度,做到人与自然的和谐统一。城镇建设和拓展过程中,要充分考虑土地条件的差异性,充分考虑环境承载力,不能一味地为了城市和经济发展而忽视建设的可持续性;优化城市发展方向和空间布局,必须加强和做好资源环境承载能力分析;顺应资源环境承载约束,实施地域空间管制,严格管控空间开发强度,大力推进资源节约集约利用;创新节地模式,推广节地技术,加大存量建设用地挖潜力度;强化用水定额管理,全面提高用水效率;合理调控能源资源消费总量,转变资源生产利用方式,构建低碳经济模式和生活方式,实现空间可持续开发。

(二)提升土地资源综合承载能力,优化形成空间新格局

土地承载力是指在一定生活条件下土地资源的生产能力及在一定生活水平下承载的人口数量,包含生产条件、土地生产力、人的生活水平和被承载人口的限度,是一个综合的、动态的指标。土地综合承载力是在一定时期内,一定空间区域内,一定的社会、经济、生态环境条件下,土地资源所能承

载人类各种活动的规模和强度的阈值。[①] 承载主体包括农用地、建设用地及未利用地在内的所有土地,承载对象包含人口及各种社会经济活动,承载目标包括粮食安全、人地协调、环境和谐、生态平衡、可持续发展;承载系统是一个开放的、动态的、可调节的综合系统。[②] 土地资源综合承载能力的提升,应紧紧围绕区域人口增长、产业集聚和城镇化发展的宏观战略需求,促进区域协调,加强土地资源的空间格局优化,尽快形成合理利用土地的空间新格局。加强土地利用规划调控和区域协调,加快基础设施建设,加大土地整理和土地生态保育力度,尤其是废弃地整理,保障重点产业用地和各功能区绿化隔离带建设,提升土地资源的综合承载能力。

(三)优化城市产业承载空间,强化新老城区的互补关系

以建设镇海新城区来优化城市产业承载空间,通过建设新城区来适应现代产业发展需要,是发达城市可借鉴的普遍经验。仅靠老城区的改造实现成规模承接产业转移,遇到的困难很多,而要成规模地引进先进产业,培育新兴增长极,需要建设新的城市产业功能区,将单一增长核心转变为多个增长核心的发展模式。新城区建设可以打破圈层式分层扩展的城市空间扩张模式,尤其是在新城区中建设现代产业功能区,将影响城市的产业空间布局。通过建设新城区,可以迅速形成支撑现代产业的空间功能,增强对产业的吸引力。不过,这样的新城区建设,一方面在时间上要超前于产业发展,因此建设的规模、水平和进度,要有科学的预测和安排,减少闲置和浪费;另一方面新城区是老城区功能的延伸,在建设中要高度重视与老城区建立互补关系,充分利用老城区的政治、经济、文化等综合功能,与老城区形成密切联系的有机整体,要有意识地依托已有的产业园区建设产业新城。此外,还要站在更长远的角度来考虑新城区中的产业区配置,使发展成熟后不至于出现老城区产业空心化的问题。

(四)规范资源环境承载力评价,有效开发利用国土资源

应规范资源环境承载力评价指标体系及其赋值技术与动态监测方法。目前,资源环境承载力研究存在不少问题,比如资源环境综合承载力研究尚

---

① 彭文英,刘念北.首都圈人口空间分布优化策略——基于土地资源承载力估测.地理科学,2015(5):558.

② 彭文英.中国首都圈土地资源综合承载力及空间优化格局.首都经济贸易大学学报,2014(1):77-78.

未建立起成熟的理论体系,缺乏对承载力变化趋势的动态跟踪和分析评价,对评价指标有效性、重要性和相关性的深度分析不足等。解决这些问题需要整合集成土地、水、地质环境等承载力监测评价指标体系、赋值与监测方法及评价技术,建立基础数据支撑系统和承载力动态监测评价模型,探索编制土地等承载力评价技术规程。

探索基于资源环境承载力的国土资源用途管制体制机制,建立动态监测与预警机制,管制不同主体功能区域内国土资源的开发利用与保护情况。探索利用承载力指标进行国土资源(空间)用途管制的途径与方式,建立以资源环境承载力为基础的发展权补偿制度,探索资源环境承载力考评与绩效管理办法及制度建设。完善发展成果考核评价体系,纠正单纯以经济增长速度评定政绩的倾向,加大资源消耗、环境损害、生态效益、产能过剩、科技创新、安全生产、新增债务等指标的权重。

三、实现与功能提升相结合

(一)优化城市功能空间,发挥功能区协同效应

城市功能空间是由多样化的城市功能(政治、经济、文化、生态、管理等)的相关要素空间集聚的结果。一般认为,城市空间功能即为城市内部各类功能要素通过一定的内在机制相互作用而表现出来的空间形态。功能要素的集聚与分散带动了经济社会活动在空间上的重新布局与重组,从而引导城市空间组织的变化。城市空间功能优化是指在现有社会、经济、技术条件下,根据城市功能发展的内外部环境和客观规律,确定城市空间范围内各项功能的合理配置和组合,不断提升各类功能区的发展水平,使城市空间功能朝着健康方向发展。城市空间功能优化体现为城市中分布的各类功能区在其空间范围内的合理配置和关联,从而产生"1+1>2"的协同效应。[①] 划分功能区并进行分区规划是国际上国土开发和空间管治的通用做法,在保障国土空间合理开发和形成有序的空间结构方面发挥着重要作用。空间规划通常需先划分空间功能类型,空间功能类型划分就是按照某种标准把整体地域空间分成若干功能类型区域。

随着城市的发展,城市空间功能呈现出多元化、综合化、高级化的发展趋势。城市的发展表现为城市对资源、人口、技术等要素吸纳能力的提高,城市提供产品和服务的能力增强,城市功能区的类型随之多元化,发展水平

---

① 胡顺路.转型发展背景下的城市空间功能优化研究.青岛:青岛科技大学,2014.

随之提高,作用范围随之扩展。城市空间功能的演变与优化是人类在一定时空范围内的政治、经济、社会、文化等活动相互作用的过程。推动城市空间功能演变与优化的因素可归纳为动力因素和压力因素两类。其中,动力因素是推动城市空间功能演变与优化的内生力量,是根本动力,主要包括集聚经济、技术进步和产业结构调整三个方面的因素。压力因素是城市空间功能演变与优化的重要外生推动力量,宏观政策、城市规划、社会人文类型、区域分工等是一般的压力因素,此外,还包括新区开发、交通区位变化、大型工程建设、突发自然灾害等特殊的压力因素。

(二)优化镇海区空间结构,提升城市空间能级

镇海作为宁波中心城的北门户和综合性城市北部中心,其主要职能包括为镇海行政办公中心、城市北部生产性服务中心和为周边产业区提供商务、商业、会议、展示、物流、信息等各项服务功能。优化镇海区空间结构,进而提升城市空间能级,是优化提升镇海城市功能的重要手段。城市空间结构是城市各功能要素在一定区域范围内的分布状态和作用机制,强调的是各要素之间的相互关系及空间分布特征,是对城市空间总体层次上共同规律的高度抽象与概括。城市空间结构形成、演变和发展的内在机制,本质上是城市结构不断适应变化着的城市功能的需要,即城市功能与空间结构的矛盾冲突是一个动态的发展过程,其演变过程受城市自然因素和人文因素两个方面的影响,这些因素直接或间接影响着城市空间结构的形成、演变和发展。[①]

通过放大空间位势来提升城市能级,进而提升城市功能,必须按照局部与整体协调、分工与整合相统一的城市发展新理念,突破原有的城市空间,根据地缘特点将城市整体功能分解为相互联系的不同局部的组团功能,实现城市功能在大空间上的重新整合。统筹规划、合理布局城市功能区,强化城市功能开发,建成分工合理、协调发展的城市综合功能区,增强城市集聚和辐射功能。中心城区作为城市发展的核心区域,其合理布局、有序建设对于优化城市功能、提升城市能级、完善市域城镇体系具有重要作用。中心城区规划顺应城市发展规律,传承和延续城市空间结构和发展方向。固化中心城区开发边界,合理控制中心城区发展规模,统筹旧城更新与新城区建设,促进产业升级与城市转型,提升环境质量和生活质量,均衡布局公共服

---

① 林善炜.福州城市功能优化与提升——基于空间结构视角.福州党校学报,2010(3):61.

务设施,构建功能复合、生态宜居、内生活力的中心城区。将规模扩大、空间拓展与功能提升结合起来,推动城区发展由速度型向品质型转变,在城市建设提档升级中,提升城市服务功能,加强对人口与产业的集聚力。构筑中心城区合理的空间布局,注重新城区与老城区的区域功能整合,城镇空间形态格局与产业布局、交通布局、生态布局相互协调。强调功能扩展,合理规划生产与生活空间,塑造新业态,拓展城市发展空间,提升城镇化质量,提升对整个区域的辐射带动力。

坚持节约和集约用地的原则,严守生态底线,明确城市空间拓展方向,加大存量用地挖潜力度,严格控制新增建设用地,构筑内涵、集约、紧凑、高效的空间布局结构,促进城市发展模式由外延式向空间限定式转变。建造一批具有"紧凑型城市"特征的现代标志性建筑,提升城市视觉层次,营造个性鲜明的精致城市形象。实施生态宜居工程,将自然景观、人文景观、历史风貌和现代气息融为一体,提高城市品位。加强城镇生态建设,加快"退二进三",切实解决城镇污染。加强工业园区环保管理,建立生态经济体系。拓宽城镇公共空间,建设一批多功能、高水平的市民休闲娱乐、健身场所。

四、实现与产业布局相结合

(一)依据镇海资源环境,调整优化产业空间结构

产业结构理论认为,产业结构的全面转换,是现代经济增长的本质特征。通过对产业空间布局的优化调整,达到土地高效利用、经济联系加强,从而促进区域的整合化与紧密化的目的。镇海区依托临海、临港以及丰富的自然资源等优势,产业优化布局以发展大型临港工业、无污染的高新技术产业、科研和教育等第三产业为主导,以新城为载体建设宁波中心城北部商贸商务中心,以老城为载体建设浙东生产性港口物流中心,以宁波化工区为载体建设国家级石化产业基地,同时大力发展旅游产业。根据资源环境中的短板因素确定可承载的人口规模、经济规模以及适宜的产业结构。在尊重自然条件分异规律和社会经济发展空间组织规律的基础上,确定不同区域的生产、生活和生态空间比例关系,制定点—轴—面的空间形态布局方案。

镇海区产业发展思路由"强二兴三优一"调整为"强二优三精一",坚持产业高端发展,着力引进重大项目。产业集群化成长态势良好,工业经济依然是全区经济发展的主导力量,支撑作用显著。采用"腾笼换鸟""退二进三"等工程,把工业产业从主城区迁移出去,为商业、服务业等对区位条件要求较高的产业腾出发展空间,逐步降低城市用地中工业、仓储等用地比例,

提高商业、金融业等第三产业用地比例，同时注重城市用地环境的改善，提高城市绿地比重。通过大力促进临港型石化产业综合体发展，延长和拉伸产业链，深入实施工业"两创倍增"计划，以国际临港型石油化工、机电装备制造、电子电器、机械基础件、纺织服装、金属加工六大主导产业为特色做强做优，创新产业、新材料等新兴产业逐步发展，宁波化工区、镇海经济开发区、宁波机电园区等三大产业园区产业集聚度进一步提高。

（二）建设新的产业承载空间，全面优化产业布局

积极推进城区产业布局的调整，做好"加减乘除"，着重提高服务业比重，建设大型综合体，吸纳一批大型商业、金融、销售、文化、娱乐、会展企业入驻，改造一批商业街区，将一般制造业向郊区转移，实现城市空间的转型升级。形成"一心、一区、一廊、一轴、七个规划控制单元"的总体布局结构。[①]提高节约集约用地水平，将产业结构调整和土地使用调整相结合，把土地供应给用地集约化程度高、效益好的项目，建立完善亩产效益评价机制，推进新增建设用地分配与单位产出相挂钩的激励约束机制。

产业布局全面优化，通过建设新的产业承载空间进行全面优化。部分产业替换优化，包括完善体制机制、平衡要素规划与调配、整合资源优势与寻求差异化。针对性地优化空间配置，包括产业承载空间精耕细作、空间承载功能提升、产业空间转型发展。增强主导产业优势，兼顾产业功能的多样化。推动产业要素的集聚和产业集群的形成，统筹新城区与其所在区域的工业园区、产业基地、居住区和其他功能区域，加强产业发展与新城区建设的融合，加大对相关配套产业和基础产业的支持力度，鼓励生产性、生活性服务业的快速发展，完善多样化的产业功能，为主导产业和新城区的发展创造良好的配套环境。提高区域内交通的可达性和便捷性，节约交流和联系的交易成本，引导产业要素的集聚，为更大范围内参与区域分工、提升其辐射能力提供条件。

五、实现与安全保障相结合

根据不同国土空间的自然属性、资源环境承载力，明确划定用地空间的管制界限，严格保护生态用地、安全用地，严格限制生产生活用地空间扩张，同时考虑未来人口承载和经济发展的需要，规划好后备开发区域。发挥土

① 詹荣胜.落实主体功能区战略的宁波陆域可利用空间分析.宁波经济（三江论坛），2014(11):26.

地多样性功能特征,促进各类土地复合利用,提高综合利用效率。以城市的安全发展为先决条件,统筹考虑社会、经济的可持续发展。从空间上对风险性资源实行合理控制,实现资源的永续有效利用。从管理上对各层次的空间进行管制,建立准确、快捷的管理体系信息平台。

城市生态空间在保障城市生态安全中能发挥重要作用,是经济社会可持续发展的基础。从城市整体空间角度探索城市内部结构与外部结构相协调的布局优化策略出发,引导城市逐渐形成形态清晰、结构合理、功能高效、生态和谐的空间布局。划定生态保护红线是城市空间管制规划的重要内容,要构建点线面结合、点状开发、面线保护的基本生态格局,维护区域生态系统的稳定性和完整性,为共同开展生态空间保护提出要求。通过开展镇海区域生态资源调查,制定区域生态用地分类体系,根据管制需要,将生态用地归结到能与规划管理相融的管制区域类型上,即保护区及重要生态功能单元、区域生态廊道、生态保育区和城镇建成区绿地等,并进一步从区域、景观尺度划分这些类型,确定城市生态网络格局。实施生态系统分类管制、生态需求分片管制、生态功能分区管制、生态用地分级管制。

第二节　实施"五大战略"

随着工业化、信息化、城镇化和农业现代化的同步发展,空间开发利用广度和深度进一步加大的态势不可逆转。未来应围绕大力推进生态文明建设,通过实施点、线、面有机结合的多中心网络模式、功能差别化的空间优化开发战略,构建安全、和谐、开放、富有竞争力和可持续发展的新格局。顺应城市资源环境承载能力、当前承载的产业和人口水平以及产业结构演进的方向,综合考虑优化调整新老城区以及传统产业集聚区的生产和生活空间布局,降低生产和生活空间混杂布局对生活居住的影响程度。调整生态脆弱区域的生产和生活空间布局,降低生产空间和生态空间叠加布局、生活空间和生态空间叠加布局对生态空间的破坏和侵占程度。

镇海区要实现空间优化,需以统筹"三生"空间布局、划定生态保护红线、优化人口产业空间布局等战略为导向,基本实现"三生"空间协调发展、产城空间融合发展和功能空间安全发展的新局面。在总的指导思想下,镇海区空间结构优化需遵循统筹联动、高端牵引、功能引领、产城融合、绿色安全等发展战略。

一、统筹联动战略

统筹联动就是要推进新旧城区统筹联动、城乡统筹联动、陆海统筹联动，不断拓展发展空间，继续推动组团式科学发展。统筹全域发展规划、基础设施、产业布局、社会事业、公共服务和管理体制。统筹陆海资源要素配置、优势产业培育、基础设施建设、生态环境整治，实现陆海优势互补、融合发展。制定主体功能区规划，以主体功能区规划为指导，谋划人、地、水、城、产的布局，推动空间差别化发展，率先走出生产、生活、生态融合和人口资源环境相协调的新路子。深入实施主体功能区战略，统筹生产、生活、生态空间的合理布局，对开发类和保护类主体功能区研究制定有针对性的配套政策，研究政策框架，制定实施差异化的财政、投资、产业、土地、人口、资源环境约束、绩效评价等配套政策，以加强分类指导，推进统筹协调发展。

依据镇海区现有规划以及港口资源、临港产业、城市空间等现状，进一步完善空间布局发展规划，通过各自发展、相互影响、相互协调、综合考虑的策略实现空间结构的调整。在空间布局上，通过改造和更新，港口与城市在功能与布局上更加贴合，运营效益提高，实现了统筹联动发展。着力加快城区改造提质和内涵式发展，着力加快打造特色鲜明的新城区，合理确定城区规模、开发强度和开发时序，高水平打造科技型、生态型、人文型新城区，有效突破老城区发展瓶颈。统筹旧城改造与新城区建设，优化居住、工业用地布局。按照提升品质、完善配套、改善环境、控制人口的原则，推进旧城有机更新，盘活闲置用地资源，完善生活、生产服务设施，改善城市居住环境，促进新兴经济业态发展。高水平、高标准建设新城区，预留国际化功能要素配置和海洋经济、高端产业集聚的承载空间，配建现代化的居住社区，完善公共服务设施，实现产城融合、职住平衡。

加大区域统筹力度，通过合理的人口分布，全面提升土地资源人口承载力。建立跨区域统筹协调发展机制，实现人口、资源的统筹规划、协调配置及自由流动，创建资源互补、发展共享的区域共赢态势。探索国民经济和社会发展规划、城市总体规划、土地利用规划"三规合一"。有效疏解核心区人口和功能，形成合理的空间分布，强化规划的整体性，从全局上进行经济社会发展规划、土地利用规划、产业布局和城镇体系安排，实现"三规合一"态势，形成区域一体化发展局面。统筹基础设施建设，发展包括地铁、轻轨、高速公路、城市快速道路等在内的网络化交通路网。加快解决基本公共服务区域失衡问题，在居住、教育、社保、就业、就医等方面推进基本公共服务均等化,发挥合理引导人口有序流动的作用。

二、高端牵引战略

城市发展和城市产业空间的扩大是同时进行且互为促进的过程,城市产业未形成规模时,其产业空间、经济空间必然狭小,而经济空间的狭小又限制了城市规模的扩大和城市地位的提高。高端牵引与聚集就是要突破原来城市空间与产业空间相互挤压造成的发展瓶颈、效率瓶颈。在城乡一体化的空间体系里,一方面强调与高端产业价值链对接,另一方面则在内部构成一个相对完备的产业链、产业体系,并以高新技术产业集群的创导作用,来带动区域或国家的创新体系的构建。高端聚集是指高生产率的产业和企业在多个城市的地域内高密度连续分布,要素和信息在这些城市之间高速流动的经济现象(即"三高":高生产率、高密度和高流动性)。高端聚集的要素常常随着经济的发展而更迭,同时高端聚集的地域空间不断扩大。① 遵从经济社会全面转型对空间产品的需求从量变到质变的规律,从战略高度,规划和打造好高端服务业集聚空间、多元化产业集聚空间、区域经济管理职能集聚空间、高度专门化的服务业空间、创新要素集聚空间。

城市空间资源整合的核心理念就是在分散的空间资源中植入公共服务系统,对原本由市场主导和自发形成的分散资源予以整合,支撑更高标准、高效率、多样化和高密度的城市空间活动、公共开放空间、公共交通、步行交通、城市文化、地下空间和空中连廊等,这些都是空间资源整合的重要途径。从城市规划的角度来看空间资源整合,城市规划应从公共设施布局、开发强度控制、天际线控制、文化活动策划方面对城市进行多维度的空间组织控制。科学的产业空间布局可使规划由单纯的平面布局设计向各种发展要素的空间合理配置转变。城市土地集约利用与城市化之间存在长期稳定的均衡关系,应采取长期策略有序推进城市化进程,加强土地利用监督管理,提高土地集约利用水平,不断提升土地资源对经济社会发展的保障能力。从整体上看,市场发育水平是影响我国土地利用集约程度的关键性和根本性原因,城市土地的集约利用应以城市和谐发展和社会福利最大化为根本目标。②

城市空间转型是镇海实现真正转型发展的基础环节,城市创新空间作为聚集创新活动的场所,是以创新、研发、学习、交流等知识经济主导的产业

---

① 赵作权.高端聚集:中国经济空间发展战略.城市发展研究,2011(5):39.

② 胡倩.整合优化空间资源、促进集聚集约发展的思路研究.特区经济,2016(1):66-67.

活动为核心内容的城市空间系统。它不仅仅是简单的高技术产业相关硬件设施的功能聚合,还包含空间结构与形态、产业结构、创新机制与创新文化精神等多种属性。应转变城市空间规划布局导向,加快向知识和创新功能转变。加快中心城区向以知识和创新为导向、重视生活品质兼顾的混合布局城区转变,包括转变城区产业培育方式,从原来注重依赖城市的财富集聚、企业集聚、要素积聚的生产性特质,转向挖掘城市的人力集聚、知识集聚、文化多元的创新性特质。①

三、功能引领战略

(一)坚持功能引领,发挥规划的先导和引领作用

党的十八大报告指出,要"加快实施主体功能区战略,推动各地区严格按照主体功能定位发展,构建科学合理的城市化格局、农业发展格局、生态安全格局"。挖掘和提升空间功能,引领空间结构优化,实现更新功能的完整性、公共空间的层次性、空间形态的有机性。合理的城市功能分区是城市内部工业空间转移和优化升级的关键步骤。结合减碳和环保的要求,一般来说,城市中心地带功能为商业区、住宅区、行政区、文教区,郊区则为工业区和休养疗养区、生态涵养区。

坚持功能引领,进一步发挥规划的先导和引领作用,提升科学性、权威性、严肃性,不断优化城市空间布局,促进转型升级、提质增效,为实现更高水平、更好质量、更可持续发展提供坚实保障。突出创新驱动和转型升级,突出生态特色和安全建设,更加注重城市发展的内涵提升和质量提高。以镇海主城区为核心,以骨干复合交通廊道为依托,纵深拓展和组团发展。通过轴带展开,带动全域梯次推进,均衡发展。与此同时,依托口岸和航运优势,打造海上经济走廊,走向深蓝。着力提升城市综合服务功能,促进包括科技创新、金融商务等在内的高端服务业发展,通过新城和综合体的发展实现中心城区内部功能的重新整合。按照产业互补与地缘相近的原则,推进主城、副城和组团之间关系重组和设施共享,实现多中心性和基于分散基础之上的集中。

(二)坚持功能引领,合理分区城市功能和实现空间功能复合

大力提高建设用地集约化程度,保障必要的基础设施、公共服务设施及生态用地,重视土地的生态服务功能和景观美化功能,保持居住、生产、服

---

① 邓智团.优化创新空间布局提升城市创新功能.华东科技,2013(5):68-69.

务、生态用地的平衡。同时,通过土地利用规划、产业配置、居住区开发等措施,整合各类用地,合理进行人口疏散、产业转移,压缩农村居民点用地规模,加大绿色空间建设力度,阻止城镇蔓延式发展,形成城镇合理布局、产业优化配置、生态服务高效的都市功能区。

合理的城市功能分区是城市内部空间转移和优化升级的关键。在密度较大的中心城区空间,应对产业承载空间利用做到精耕细作,着重于促进空间承载功能的提升,腾出空间配置高端服务业。引进产业要从原来的综合聚集各类资源转变为有选择地吸引和聚集关键资源,中心城区的密度不是简单的降低,而是在坚持疏密有致的前提下,尽可能保持较高密度,并需要同步配置较为密集的地铁和高架道路,建设立体交通设施。在产业项目引进上,逐渐以现代服务业取代传统服务业,加快城区产业承载空间的现代化步伐。

空间功能复合是新型城镇化背景下城市紧凑发展所倡导的核心内容之一,其能创造出更高的土地使用效率,且能使各项用地功能相得益彰以获得更大程度发挥。城市应该是积极的生活空间,是许多交织着的功能的高度集中。功能复合之于绿地空间,不是随意或过度的叠加,需遵循包容性和关联性原则,绿地空间的复合重点在于复合用地功能的选择、不同功能用地空间的配置关系,以及具体的功能复合实现途径。基于功能分类的绿地空间复合,为绿地空间的总体规划布局提供新思路,基于空间分类的绿地空间立体复合,为地块详细设计中空间品质的提升和创新提供施展平台。多种功能并存,是城市发展的原始状态,也是城市发展的理想状态。功能复合带来的传统城市空间活力将在现代城市中再次涌现,复合、拓展、优化,为城市发展带来高效、便捷、可持续的新优势。①

在强化一体化打造方面,积极谋划都市功能核心区、都市功能拓展区和城市发展新区在基础设施、产业布局、公共服务等方面的同城化措施,深化交通、城市运营管理、区域合作、功能互补等方面的体制机制创新。同时要统筹优化功能区域城市空间布局,促进城乡人口合理分布。坚持产业跟着功能走、人口跟着产业走、建设用地跟着产业和人口走。突出特色产业、特色风貌、特色功能,以实现空间集聚、产业集聚、人口集聚,形成"一镇一景、一镇一业、一镇一韵"的差异化发展格局。

---

① 金云峰,张悦文.复合·拓展·优化——城镇绿地空间功能复合.中国风景园林学会2014年会论文集,2014:811-817.

四、产城融合战略

(一)城市发展中融合产业结构优化提升

产城融合是近些年针对转型升级的一种辩证性的城市规划理念，其明确了在后工业化阶段城市产业与城市建设之间的互相影响机制，是指城市向后工业化迈进的时期，城市的产业从第二产业为主变为第三产业为主，城市的空间更加符合第三产业发展的过程。第三产业的发展相对于第二产业，对于城市基础设施、空间、环境、服务和人口的要求更高。而在工业化时期形成的城市空间并不符合第三产业发展的要求。因此，城市在转型过程中，需要进行产业、城市空间和人口结构之间的协调，也就是结构匹配。产城融合是在我国转型升级背景下相对于产城分离提出的一种发展思路，其要求产业与城市功能融合，与城市空间整合，以产促城、以城兴产、产城融合。没有产业的城市，再漂亮的城区也是"空城"；没有城市的产业，再高端也只是"空转"。

在向后工业化发展的过程中，以产城融合为视角，可以更好地理解新城问题产生的根本原因。新城的概念可以定义为：在现代化大城市的多中心结构中，承担城市的重要功能，离城市中心区有一定距离，但与主城保持密切联系的独立城市。这些城市多由空地或远郊镇发展而来，因此被称为"新"城。新城空间与普通城市的空间一样，包括城市的空间结构、土地布局、空间形态、基础支撑体系等几个层面，具体到细节则包含有关城市具体建设的众多方面。产城融合(产城关系)研究主要集中在产城之间的功能、布局、交通、环境等多方面的相互关系，从这个意义上来讲，产城融合的过程也可以理解为产城关系发展到特定阶段，为协调产城关系、解决产城之间各类矛盾与冲突，促进二者相互借力发展而实行的一系列调整措施。产城融合模式打破了传统的城市功能分区理念，它强调功能与用地布局的复合性，在区内实现职住平衡，提高出行效率。其根本是要协调好产业与城市之间的关系，以产带城、以城促产，产、城更加协同发展，形成良性互动。

城市发展已经进入一个以第三产业服务型经济为主的时代，这一转型发展时期对城市的综合服务功能提出更高要求，不仅需要以产业功能为主的新区增强综合服务功能，也需要以居住功能为主的新区加强产业功能，这在城市发展、空间布局上就体现为产城融合。其核心在于产业，产业属性在很大程度上决定了城市的功能、用地规模、规划布局、交通导向、景观格局等；其关键要素在于公共服务设施配套、房地产开发建设、功能复合化用地等；其最终表现为城市核心功能提升、空间结构优化、城乡一体化发展、社会人文生态的协调发展目标的实现等方面。

（二）产业发展中融合城市功能与空间聚集

落实产业定位，实现城市与产业发展之间的相互促进。把握产业趋势，引领产业变革，把城市更新的土地资源、空间资源用于发展新兴产业。以不影响居民生活和安全保障为前提条件，进行科学合理的产城融合功能分区。实现产城融合需将不同片区与城市的各项功能相联系，构建一个产业复合、设施配套、职住平衡并且生态环境宜居的空间。加快科技园区功能定位与规划调整，推进科技园区的产城融合。积极推进近郊科技园的二次开发，加快其功能定位由单一功能区、开发区向城区建设转变，成为散点式城市创新空间，每一个片区既具有创新功能，也具有城市生活功能，最终实现产城融合。

在新城结构中形成功能与要素的重组，以达到产业和人口的聚集效应。新城可以在城市结构中形成中心区—过渡区—产业园区—特色资源区—生态保护区这种具有能极差的结构模式，即在新城管辖区内形成高端功能聚集、低端功能疏散的城市结构。同时新城结构在有较强集聚性的前提下，城市总体结构可以沿公共交通形成组团状、带状、网状或混合型的城市景观。疏散的城市结构能够使其保持接受疏散功能的弹性和灵活性，并且能够亲近自然。在功能重组的作用下，新城的各要素更加具有向心性，从而产生聚集效应，促进城市的发展。新城的土地应该打破卫星城时期形成的明显的功能分区模式，在土地布局上使城市功能更加混合，在单个用地指标上提供弹性指标，同时在不同的地区形成不同的主导功能、次要功能的联动效应，形成适合城市高端产业产生和繁荣发展的空间环境，并强化城市的职住平衡。

五、绿色安全战略

（一）树立并遵循可持续和绿色安全理念

党的十八大报告中将"主体功能区布局基本形成"作为全面建成小康社会的重要目标。正确评价城市生态安全是从战略高度改善和提高城市环境质量的重要前提，同时也是制定经济社会可持续发展规划和空间格局优化对策的重要依据。[①]

遵循可持续和安全第一的发展理念，坚持底线思维，生态优先，安全优先，规划发展科学的绿色空间和安全空间。明确重要生态功能区和各类重

---

①　卢冠宇.基于城市生态安全评价的空间格局优化对策研究——以南充市为例.科技信息，2010（31）：13.

点保护区范围,实施生态维护和重大工程修复,增强生态系统稳定性,改善人居环境,提高生态环境安全水平;严格水源地保护和水功能区纳污控制,统筹境外能源进口和国内产需,建设安全快捷的能源运输通道;健全综合防灾减灾体系。以山体、海湾、河流、湿地、滩涂、林带和各类自然保护区为生态屏障,加快构建支撑镇海永续发展的生态安全格局。加快生态系统建设,提高城乡生态文明水平。加快生态园林城市建设,深入推进节能减排,促进循环经济、低碳发展,坚持不懈地开展环境综合整治。加快建设资源节约型、环境友好型社会,深入开展生态环境整治,大力发展循环经济,使生态环境明显改善、可持续发展能力明显增强、人居环境满意度明显提高,加快建设美丽新镇海。

(二)建设和打造城市绿色开放空间系统

城市是一个开放的复杂系统,一个连续的绿色开放空间系统在城市中起的作用绝对比零碎的形态要强得多。然而城市在形成、发展、扩大的过程中,不可避免地带来了城市绿色开放空间的破碎化、斑块化,呈现出明显不均匀的零星状,有些建成区甚至为了利益完全由灰色覆盖,没有绿色可言。空间上的断裂,阻碍了城市物质流和能量流的传播,生态环境遭到破坏。城市绿色开放空间在城市整体圈层中连续分布,实现服务范围与服务能力的城市全覆盖,是优化绿色开放空间所必须考虑的,也是优化的目标。[①] 通过优化绿色开放空间,增强其系统的生态功能,更大程度发挥绿色开放空间对城市经济、社会、环境和人们生活的作用,加强城市发展的可持续性是生态城市建设原则,也是绿色开放空间优化的目的。城市绿色开放空间的优化最终还是服务于在城市中生活的人们,真正使市民在城市中生活更惬意,让市民感受到除了高楼大厦之外,还有一片绿色的自然在身边。在忙碌的城市生活中,绿色开放空间的可达性也是首先要考虑的,绿色开放空间优化应本着以人为本的原则。[②]

绿色空间系统包括生产绿地、农林地、滨河绿地、公园绿地、景观绿地、附属绿地等类型。绿色空间系统是城市地域内人与环境协调共处的空间前提,是改善城市结构和功能的空间调节器,也是城市建设体现生态思想、促使城市发展进入可持续状态的重要空间载体,其优化是生态城市建设的重

①　Zhang T,Sorensen A,黄剑.提高城市边缘地区自然开敞空间连续性的设计方法论.国外城市规划,2002(4):17-20.

②　尹海伟.城市开敞空间:格局・可达性・宜人性.南京:东南大学出版社,2008.

要途径。① 根据镇海区绿色空间系统的总体布局结构设计,采用改变人口居住模式、调整绿地分布格局等多种措施对系统的空间布局结构、服务供需关系、绿地要素等进行功能优化。构建"绿心＋放射＋网络"结构,形成要素组成结构完整、空间形态结构合理、整体生态功能强大的绿色开放空间网络系统。

(三)明确生态安全底线,确保空间生态的可持续发展

通过划定城镇化增长界线,明确建设用地的发展禁区,将界线内的城乡边界地域生态安全禁建区划定为生态环境高敏感区域和自然生态灾害易发生的地区,此区域内禁止人类的开发建设,管理对策定位为生态保育和涵养。城乡边界地域生态安全调控的方向也以生态安全的保护为目标,为管理的规划布局和策略制定提供基础的空间依据。

为了减少大规模、高强度的工业化和城镇化开发,遏制生态系统不断退化的趋势,保持并提高生态产品供给能力,应加快划定区域生态保护红线,加强陆域国土空间的生态可持续发展能力。科学制定并深入实施生态功能区划,在不同的功能区执行不同的产业政策,重要生态功能区要提高城镇化、工业化和资源开发的准入门槛,对生态红线一级管控区实行最严格的管控措施,二级管控区严禁有损主导生态功能的开发建设活动。加快制定生态补偿制度,结合主体功能区规划实施差别化的政策,推动和加大对重点生态功能区的财政转移支付力度,提高转移支付资金用于生态环境保护的比例。在大力进行生态建设的同时,推进生态产业发展,吸引生态产业人才。并按照生态城镇理念,合理规划布局城镇体系,将散居在生存条件差、生态保护要求高的地区的农户,集中迁移到生态小镇、农村社区。

第三节　明确优化目标

依据"五大战略",镇海区需要进一步明确空间优化的发展目标,包括总体目标和具体目标。镇海区规划延续"四片穿插,Y形组合"的城镇空间结构,形成城镇与田园相交融、人与自然相贴近的城镇总体格局。在此基础上,要进一步对镇海区的空间结构要素进行优化,通过培育"点"来带动和实现区

---

① 王发曾.洛阳市区绿色开放空间系统的动态演变与功能优化.地理研究,2012(7):1209.

域经济发展,通过完善"线"来构建区域的主次发展轴,通过重构"面"来形成区域内点之间的内在联系。通常而言,域面的经济基础越好,区域间的节点数量越多,轴线联结的网络系统越发达,越有利于区域内功能和空间秩序的完善。

一、总体目标

为了促进镇海区域经济的协调发展,应依据不同区域空间单元的资源状况、社会经济发展水平以及基于比较优势而形成的产业分工格局,加快网络化空间体系建设,更好地促进商品、资金、技术、信息、劳动力等生产要素的流动,提高要素流动的广度和深度,促进区域经济的协调发展。镇海区要建设成教育科技发达、生态环境良好、产业结构多样化、产业技术现代化、交通物流畅通、具有江南水乡特色、布局合理、功能完善、环境优美的生态型现代化园林城区。根据以上指导思想、基本原则和战略导向,提出镇海区空间结构优化发展的总体目标与具体目标,使镇海区达到人口规模更适度、用地结构更合理、交通网络更完善、产业空间更协调、生态环境更良好、生产生活更安全,形成合理的城市空间组织格局、多样性强的城市职能结构格局、协同性强的城市协同发展格局、驱动性强的城市创新格局和智慧城市建设格局。

镇海区空间结构优化的总体目标分为三层子目标:第一层为城镇空间布局目标,即"点",形成合理的城镇空间布局;第二层为城镇空间功能发展目标,即"发展轴线",实现城镇空间结构高度协调;第三层为城镇空间结构形态发展目标,即"发展域面",形成区域内点与线之间的内在联系,完善城镇空间发展秩序,达到区域整体经济社会发展的目的。通过调整和优化用地结构与布局,至 2020 年,逐步实现新兴产业空间用地占传统产业空间用地比重提高 1.5 个百分点;城镇与农村居民点建设用地占比提高 25 个百分点,农村居民点用地中的居住用地比例降低 10 个百分点;工业用地比重下降 5 个百分点,工业用地效益提高 15 个百分点,生活空间用地占全部城镇用地比重提高 3 个百分点;加大生态投资力度,建设绿色生态走廊,使城镇生态用地所占比例提高 1 个百分点;提高公园、广场用地比例,争取接近或达到宁波市平均水平。

二、具体目标

(一)镇海区空间布局目标

调整镇海区的空间结构布局,优化城市建设用地结构,努力提高新兴产业空间用地比重,将"十二五"期间新兴产业与传统产业空间用地比从 1∶9 提高到 1∶8;城镇与农村居民点建设用地比从 2∶1 提高到2.5∶1,逐步达到或超过宁波市平均水平。

城市空间布局要同城市经济、社会发展战略目标相一致,建立同区域经济社会发展和城市化水平相适应的城镇体系,促进经济、社会、环境的持续、协调、快速发展。合理的布局结构,是城市现代化的一个重要特征。优化城镇空间结构布局首先要集中力量发展中心城区,形成更强的吸引力与辐射力,选择一些发展条件优势和潜力大的区块加以重点建设,形成一定区域范围内的经济增长极。

"点"是人口、经济、资源的空间聚集地,应择优发展临港产业,重视产业零碎化布局问题,加强空间整合,构建产业升级平台。对临港重化工业进行整合,推进集中发展,合理引导产业梯度转移,实现上下游产业布局优化,并确保临港制造功能、生活居住功能、物流交通功能的合理分区和空间独立,推进物流发展、安全保障、环境治理的一体化。选择一两个具有确定优势的产业作为突破口,形成产业支柱,再围绕其培养一批重点产业,形成支柱产业群,支撑整个区域经济协调健康发展。

土地用途分区空间优化目标体系包括适宜性目标、紧凑性目标、协调性目标多个层次,应引导一定区域内土地利用结构和布局的合理调整,以实现土地资源的优化配置。在土地利用结构优化和调整过程中,土地规划用途以及各地块单元所属分区类型的确定需要依据土地的适宜性。除了土地质量之外,在空间上的布局也是优化目标需要考虑的重要方面。同一属性结构可以对应不同的空间结构,一般地,土地用途分区所形成的空间形态,其紧凑程度越高则越方便管理和节约成本。一种用地变化的发生往往由自身状态和邻域状态共同决定。在划定某一用途区时,要考虑邻域状态及其产生的影响,即两种用途区邻近布置时所形成的生产、生活等方面的舒适程度。[①]

将建筑、交通、绿地等多样性的空间组合在一个居住区之内适应多样性的活动需求,有利于形成紧凑住区。将基本生活活动有条不紊地安排在一定的空间范围内,减少交通出行、提高交通效率的同时,保护地域特色,形成邻里社区。无论旧城优化发展,还是新城建设,都需要扭转土地发展方式,在城市组团层次上,组合安排就业岗位用地、居住用地、服务用地,提高土地混合使用程度,保证一定程度的组团实现基础的职住平衡,以缩短出行距离,降低组团之间交通联系的强度,减轻城市交通压力。

---

① 苏黎兰,杨乃,李江风.多目标土地用途分区空间优化方法.地理信息世界,2015(1):19-20.

（二）镇海区空间功能目标

降低工业用地比例,提高地均经济效益,集约节约使用土地。至 2020 年,将"十二五"期间工业用地占城市建设用地的 45.0% 降低到 40.0%,并努力提高地均产出,从 1.5 亿元/公顷增长到 1.7 亿元/公顷;提高生活空间用地规模,将居民、商服、道路及公共管理服务设施用地占全部城镇用地的 26.8% 提高到 30.0%。

区域空间同时发挥着社会功能、经济功能、生态环境功能。这种区域空间的多功能性可以从不同角度加以划分,如从社会经济资产角度理解,具有养育功能、承载功能、美学功能、资产功能;从生态服务角度理解,具有供给功能、调节功能、文化功能和支持功能;从生产角度理解,具有发展农业、加工业、服务业的功能。在区域空间有限的情况下,应该深刻识别区域空间的多功能性,充分利用和保护区域空间多功能性,追求区域空间功能价值的最大化和可持续利用。[1]

轴线周围的区域空间具有一定的产业基础和经济规模,城镇的发展除了对自身资源整合以外,更为主要的是依靠城镇间资源的共享和流通。城镇以轴线作为经济空间发展的内生变量,在一定距离范围内表现为城镇功能不断完善、城镇规模提高;在区域范围内表现为产业、人口、资源的输出和引进,是区域城镇发展和演化的方向。镇海区以轴线为主要视角,落实主体城市功能作用,促进区域空间功能的协同发展。

发挥中心城区的集聚作用,保持临港区域适宜的生态承载力。主体功能区的目的是根据资源环境承载能力、现有开发密度和发展潜力,统筹考虑未来人口分布、经济布局、国土利用和城镇化格局。合理规划布局港城用地空间,对老城区港城界面的用地进行全面调整,逐步转移和搬迁港区中与港口发展关联度较低的企业和其他无关用地单位,加强港口资源的整合,提高利用效率。加强公共资源统筹配置,加快基础设施建设,构筑完善的交通系统,推进产业带产业结构数字化建设,保障区域社会经济活动顺利有序运行。

（三）镇海区空间形态目标

"十三五"期间,完成生态投资 150 亿元,把镇海沿江、镇海新城、镇海经济开发区建设成为绿色生态走廊,改变城镇生态用地所占比例,从"十二五"的 1% 提高到 2% 的水平;提高公园、广场用地比例,从原来的 6.6% 提高到

---

① 谢高地.区域空间功能分区的目标、进展与方法.地理研究,2009(3):561.

"十三五"末的 13％,争取接近或达到宁波市平均水平。

城市空间形态直接影响城市所在区域的生态系统与环境质量,同时也对资源能源消耗产生影响,这类影响是由城市形态形成过程中的土地使用、交通支持、生态环境破碎化以及地表覆盖等的变化而引起。每个城市存在一种形态,比其他形态更能保护自然、降低能源消耗与污染排放,更能与生态环境相协调。不同形态城市的能源消耗,从人均绝对数量到区域空间分布都存在显著的差异。生态、能源、环境方面合理的城市形态即为可持续的城市形态。①

生态整合作为兼顾生态、经济、社会各要素的规划理念与方法,通过用地组织将城市住区、交通及公共服务过程与自然生态系统融为一体,塑造适宜的人居环境并最大限度减少环境负荷。生态整合的最终目标是:促进和不断完善复合生态系统,形成能量、物质及信息流代谢过程的良性循环,健全竞争、共生、自生及自我反馈调节能力等生态机制,达到时、空、量、序的完美匹配,实现体制、技术与人类行为方式和手段的相辅相成和社会、经济、自然的相生相克、相得益彰、协调发展,促进人与自然的和谐共生、共同进步。②

尊重自然生态本底,以环境空间优化区域发展格局。以主体功能区划为基础,制定实施基于环境功能的分级分区控制体系,构建区域生态安全格局,引导城市发展空间和产业布局往生态化、集约化转变。以生态红线调控区域发展规模,以资源环境承载能力为基础,划定和严格实施生态保护红线,水、大气环境质量控制红线以及耕地、水资源和煤炭资源红线,调控城市人口和经济发展规模。

优化生态布局,加强生态保护和环境治理,强化规划,改善景观,提高综合环境质量。深入推进节能减排,切实加强环境保护,着力构建清洁、优美、舒适、人与自然和谐发展的环境,改善临港区域生态环境承载力,积极提升其生态服务功能,全面提高人居生态环境质量。综合考虑生态和环境问题,遵循自然生态和经济社会发展规律,综合运用各项治理手段、措施,实现生态保护和修复,全面建设生态经济、生态文化和生态人居。在功能关联的前提下,将城市的自然、人文景观资源与自然状态的空间系统相叠合,赋予开放空间以场所感与文化内涵,使之更具生命力与环境特色。

---

① 王正,赵万民.可持续目标导向下的重庆都市区空间形态组织.城市发展研究,2010(8):5.

② 靳桥,刑忠,汤西子.生态整合目标导向下的城市开放空间资源利用与关联建设用地布局.西部人居环境学刊,2015(6):68-69.

第四章　优化产业空间结构,构筑区域安全格局

优化产业空间布局、促进产业协调发展是"十三五"期间宁波市进一步优化城市空间布局、构建港口经济圈和宁波都市区联动融合新格局的重要举措。产业空间布局的合理性对提升区域整体安全水平具有重要意义,尤其是天津港事件后,加强安全生产、推进临港区产业空间结构优化成为当前临港产业发展所面临的重要挑战。本章主要以镇海区三大特色产业园[宁波石化经济技术开发区、浙江镇海经济开发区、宁波(骆驼)机电工业园区]为研究对象,首先从安全的视角下分析镇海区产业空间布局和产业结构现状;其次利用安全距离法和 ALOHA 危害区域模拟技术对镇海区产业空间布局进行风险分析;最后对镇海区产业空间布局所存在的问题进行原因分析。

第一节　安全视角下镇海区产业空间发展现状

不同时期的产业空间结构布局与集聚形态带来了不同的区域空间格局。工业化时期,区域空间包括居住、工业、商业、交通等多个特点清晰明确的功能区,这些功能区组成了前期工业空间形态。进入后工业社会,柔性化的产业模式造就了产业区的形成,这种新的地理现象是新时期区域产业空间组合、选择和集聚的过程。产业集聚区的兴起,带动了经济的快速发展,但由于不同时期遗留下来的产业空间问题,对产业空间进一步提升和安全格局带来了极大的影响。本节主要通过对镇海区产业空间布局和产业结构发展现状的阐述,从安全的视角下探寻镇海区产业空间布局中所存在的问

题,并进行原因分析。

一、镇海区产业空间布局和发展现状

1985 年,镇海撤县建区,撬动了镇海经济的跳跃发展,镇海跻身全国产业战略规划布局的宏大版图中。镇海炼化随之落户,带来石化、装备制造业等一系列大项目、大工程,基本形成了以石油化工、装备制造、临港物流和海洋工程建筑业为特色的现代临港产业体系。如今镇海已确立了华东重要能源化工基地的地位。

(一)产业空间布局

从镇海区工业经济大规模发展以来,全区围绕建设特色园区、精品园区的目标,逐步形成了以石油化工为特色产业的宁波石化经济技术开发区,以精密机械、电子信息、仓储物流为主导产业的浙江镇海经济开发区,以机电行业为主导产业的宁波(骆驼)机电工业园区三大特色产业园区。

《宁波市城市总体规划(2006—2020 年)》(2015 年修订)和《宁波市镇海区分区规划(2004—2020 年)》确定镇海为宁波市中心城范围的组成部分,承担宁波市作为华东地区重要的先进制造业基地的职能,依托临海、临港资源、教育科技资源,以发展大型临港工业、无污染的高新技术产业为主导。围绕规划的职能和发展目标,在政策引导和资金支持下,镇海区三大特色产业园区逐步形成了以地区龙头企业和配套产业为特色的产业发展新模式。

1.以镇海炼化为龙头而形成的产业空间结构
——以宁波石化经济技术开发区为例

宁波石化经济技术开发区的前身为宁波化学工业区,成立于 1998 年 8 月,总规划面积为 56.22 平方千米,是宁波市唯一的石油和化学工业专业园区,由宁波化工开发有限公司负责开发建设。为了加快建设开发区和对开发区进行统一规范化管理,在宁波市政府的关心和支持下,于 2002 年 11 月正式成立宁波化学工业区管委会,随即在 2003 年 2 月制定了"市、区联合开发属地管理"的开发模式。2004 年年初,宁波市启动了《宁波化工区总体规划(2006—2020)》的编制工作;2006 年经浙江省政府批准,宁波化学工业区正式升级为省级开发区,并于当年 4 月通过了国家发改委审核;2009 年宁波化学工业区被国家发改委列为国家新材料高技术产业基地化工新材料基地;2010 年被工信部确定为国家新型工业化产业示范基地;2010 年 12 月经国务院批准,宁波化学工业区正式升格为国家级经济技术开发区,定名为宁波石化经济技术开发区;次年 7 月,宁波石化经济技术开发区党工委、开发区管委会正式挂牌成立,这标志着国家级宁波石化经济技术开发区正式迈向一个新的发展阶段。

宁波石化经济技术开发区依托镇海炼化这一龙头企业,实现了产业结构的调整和升级,走出了一条"油(石油)头化(化工)尾"的发展之路。目前已有石化源头产业、合成材料产业、高分子产品产业和精细化工产业四个产业区块。宁波石化经济技术开发区在镇海区内约为43.22平方千米(不包括慈溪市境内的龙山片区),区域内包括澥浦、岚山、湾塘、俞范四个片区。

为长远发展考虑,宁波石化经济技术开发区逐步形成了基础化工、精细化工和乙烯下游产业一体化发展的良好格局,各产业之间相互促进、相互协调发展。[①] 除了镇海炼化外,区域内已经建成了具有1000万立方米储存能力的国家原油战略储备和中石化商业储备基地,还拥有韩国LG甬兴50万吨ABS、韩国爱敬和东来化工45万吨DOP、镇洋化工30万吨离子膜烧碱、聚丰化工20万吨硫黄制酸、巨化科技12万吨ODS替代品和12万吨醇醚、泰达化工6万吨苯酐、日本大赛璐6万吨醋酸纤维切片、金海德旗15万吨C_5分离、宁波顺泽5万吨丁腈橡胶、荷兰阿克苏诺贝尔多产品生产基地等项目。

2. 以现代产业需求配套而形成的产业空间结构
——以浙江镇海经济开发区和宁波(骆驼)机电工业园区为例

浙江镇海经济开发区成立于1992年,是经浙江省人民政府批准的省级经济开发区,首期规划面积为9.22平方千米,延伸开发34平方千米。依托镇海的区位优势、功能优势和资源优势,镇海经济开发区按功能划分为精密机械工业园区、高科技电子工业园区(北欧工业园区)、精细化工工业园区、仓储物流加工工业园区等四大产业园区。

镇海区的装备制造业主要集中在整机制造、紧固件、轴承、液压马达、汽车零部件、电工电器等产业,是镇海三大优势特色产业之一,也是"十三五"期间重点发展和提升的产业之一。而装备制造业中的轴承和液压马达是镇海经济开发区内的两个特色优势产业,镇海经济开发区因而被冠以"宁波市机械基础件产业基地"称号。2012年,经省政府同意,在镇海经济开发区内创建了浙江省开发区特色品牌园区——北欧工业园区,形成了"园中园"的产业空间格局。此外,镇海经济开发区内还有两个专业园区,即镇海机电园区和镇海物流枢纽港园区,分别以装备制造业和仓储物流加工业为主。镇

---

① 郭明豪.呼之欲出的"石化巨星"——宁波化工区打造国家绿色石化产业基地纪实.中国经济导报,2010-07-22(B04).

海经济开发区不仅是镇海区对外开放和吸引外资的主要窗口,还是镇海区城市化建设的核心组团和浙东大宗货物交易中心。

从产业空间布局上来看,镇海经济开发区四大主导产业以板块形式进行分区,分布于三个不同区域中。在产业空间组织规划和城市控制性规划修编层面,将空间区域分为 A+B 区、C 区和 D 区三个区域。其中 A 区和 B 区因地界相邻、产业关联度较高,被称为 A+B 区,该区域规划面积约为 5.67 平方千米;C 区和 D 区两个区块规划面积共为 2.78 平方千米。镇海经济开发区中的 A+B 区主要以精密机械工业和高科技电子工业产业为主,C 区以仓储物流加工产业为主,D 区以精细化工产业为主。2010 年,镇海经济开发区经浙江省政府批复同意,成为浙江省第二批开发区整合提升单位;2013 年,按照省政府关于开展深化开发区整合提升工作的统一部署,宁波市委、市政府出台了《关于进一步强化工作机制合力推进重点开发区域建设的若干意见》等相关文件,着力开展新一轮的园区整合提升工作。[1] 在 2010 年省政府批复同意开发区整合提升范围基础上,根据镇海区经济社会发展总体规划、城市建设和产业发展目标要求,就近整合蛟川街道沿甬江片区及镇海炼化周边片区面积 7.62 平方千米、宁波(骆驼)机电园区面积 10.82 平方千米,共 18.44 平方千米,将其纳入开发区深化整合提升范围,由开发区统一进行开发建设和发展。

(二)产业发展现状

镇海区已逐步形成了以石油化工为代表,以装备制造为发展方向,以仓储物流、精细化工等为新兴产业的产业集群模式和产业发展格局。根据《2015 年宁波市镇海区国民经济和社会发展统计公报》,截至 2015 年年末,全区拥有规模以上工业企业 574 家,其中,工业总产值超 1 亿元、5 亿元和 10 亿元的企业分别达到 165 家、42 家和 21 家。区属规模以上工业企业 569 家,其中,工业总产值超 1 亿元、5 亿元和 10 亿元的企业分别达到 160 家、38 家和 17 家。

研究镇海区三次产业结构是分析镇海区国民经济中产业结构问题的第一位重要关系。将镇海区三次产业结构现状与其他区域进行比较,可以使我们清醒地、客观地认识镇海区产业结构的短板和镇海区经济发展的潜在

---

① 潘群威. 后开发区时代省级开发区转型升级研究——以浙江镇海经济开发区为例. 上海:上海交通大学,2013.

空间。根据 2015 年全国、浙江省、宁波市及宁波市各区的国民经济和社会
发展统计公报,分析镇海区的三次产业结构,结果如表 4-1 所示。2015 年,
镇海区第二产业产值占地区生产总值的 71.4%,远高于全国(40.5%)、浙江
省(47.7%)和宁波市(49.0%),高于鄞州区(53.7%)和北仑区(56.4%)。
由此可见,镇海区具有重工业地区的显著特点。

表 4-1　2015 年三次产业产值结构比较

单位:%

产业	镇海区	鄞州区	北仑区	宁波市	浙江省	全国
第一产业	1.0	2.9	0.7	3.6	4.4	9.0
第二产业	71.4	53.7	56.4	49.0	47.7	40.5
第三产业	27.6	43.4	44.7	47.4	47.9	50.5

　　图 4-1 为镇海区 2006—2015 年的产业结构走势。从图中可以看出,第
一产业从 2006 年的 2.9% 降到了 2015 年的 1.0%,年平均增长率为
−0.19%,从总体的比重走势来看,镇海区第一产业保持平稳态势;第二产
业从 2006 年的 60.3% 升到了 2015 年的 71.4%,年平均增长率达到了
1.1%。在此期间,发生了两次先下降后上升的走势,这主要是由于镇海区第
二产业所占比例较大,受全球经济波动的影响也较大;第三产业从 2006 年
的 36.8% 降到了 2015 年的 27.6%,年平均增长率为−0.92%,且第三产业的
比重始终落后于第二产业。由此可见,镇海区产业结构近年来虽有所调整,但
第二产业仍是镇海区经济发展的主要推动力,占据着绝对的主导位置。

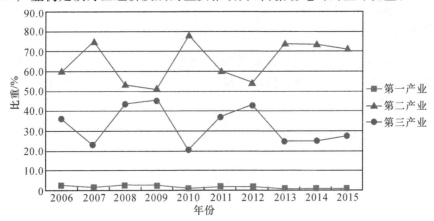

图 4-1　镇海区 2006—2015 年的产业结构走势

　　根据 2014 年镇海区土地调查以及 2012—2014 年的镇海区城镇地籍变更调查,以典型工业产业为代表,分析 2014 年镇海区产业用地情况,如表4-2所示。镇海区石油加工、炼焦和核燃料加工业产业用地达 820.25 公顷,占重工业产业用地的 26.6%;化学原料和化学制品制造业产业用地达1231.21公顷,占重工业产业用地的 39.9%;通用设备制造业产业用地达 355.03 公顷,占重工业产业用地的 11.5%;电气机械和器材制造业产业用地达327.26公顷,占重工业产业用地的 10.6%;有色金属冶炼和压延加工业产业用地达219.47 公顷,占重工业产业用地的 7.1%;黑色金属冶炼和压延加工业产业用地达 130.85 公顷,占重工业产业用地的 4.2%。

表 4-2　2014 年镇海区典型工业产业用地分布情况

单位:公顷

重化工产业	蛟川街道	骆驼街道	招宝山街道	澥浦镇	庄市街道	九龙湖镇	镇海区
石油加工、炼焦和核燃料加工业	549.34	0	212.57	57.81	0.53	0	820.25
化学原料和化学制品制造业	168.87	17.31	37.57	957.44	50.02	0	1231.21
通用设备制造业	229.94	19.49	36.32	28.09	27.15	14.04	355.03
电气机械和器材制造业产业	83.75	151.61	0.90	61.25	17.85	11.90	327.26
有色金属冶炼和压延加工业	14.52	39.24	157.17	8.54	0	0	219.47
黑色金属冶炼和压延加工业	5.43	63.39	45.22	15.10	1.71	0	130.85

　　对镇海区典型工业产业用地分布情况按区域(招宝山街道、蛟川街道、骆驼街道、庄市街道、九龙湖镇和澥浦镇六个区域)进行分析,得到产业用地的分布情况,如图 4-2 所示。

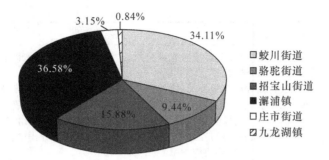

图 4-2　2014 年镇海区六个区域典型工业产业用地比例

　　镇海区各区域工业产业用地占比最高的是澥浦镇,其产业用地达到了 1128.23 公顷,占镇海区工业产业用地的 36.58%;占比最低的是九龙湖镇,仅为 0.84%;其中蛟川街道的工业产业用地占比也较大,为 34.11%。

　　澥浦镇、蛟川街道等区域的工业产业用地比重较大的主要原因是宁波石化经济技术开发区、浙江镇海经济开发区和宁波(骆驼)机电工业园区三大特色产业园区的空间布局、产业园区的政策引导和产业的集聚效应使园区内重化工业进一步发展和集聚。表 4-3 为 2016 年镇海区三大特色园区内的主要企业名录,园区内集聚了镇海区约 70% 的工业企业,尤其以技术领军型企业为主,其中宁波石化经济技术开发区和浙江镇海经济开发区可以说是镇海区工业经济发展的中坚力量。

表 4-3　2016 年镇海区三大特色产业园区概况

产业园区	主要产业	主要企业
宁波石化经济技术开发区	石油化工产业	中石化镇海炼化分公司、宁波乐金甬兴化工有限公司、宁波大安化学工业有限公司、宁波中金石化有限公司、宁波镇洋化工发展有限公司、宁波中化化学品有限公司、宁波巨化化工科技有限公司、宁波东来化工有限公司、宁波市镇海威远林德气体有限公司、宁波金海晨光化学股份有限公司、阿克苏诺贝尔化学品(宁波)有限公司、宁波市镇海泰达化工有限公司、浙江江山化工股份有限公司、宁波富德能源有限公司、宁波新福钛白粉有限公司、浙江恒河石油化工股份有限公司、宁波浙铁江宁化工有限公司、宁波瑞福特气体储运有限公司等

续表

产业园区	主要产业	主要企业
浙江镇海经济开发区	精密机械、高科技电子、精细化工、仓储物流	宁波克泰液压有限公司、宁波阿尔卑斯电子有限公司、金丰(中国)机械工业有限公司、浙江青青实业有限公司、易通实业(宁波)有限公司、协畅(宁波)精密电子有限公司、宁波中意液压马达有限公司、宁波拓诚机械有限公司、宁波市镇海天翔转轴有限公司、宁波市镇海减变速机械制造有限公司、宁波市镇海航海仪器厂、宁波市甬源液压马达有限公司、宁波念初机械工业有限公司等
宁波(骆驼)机电工业园区	机电产业、轻工业	宁波海洲机械有限公司、宁波市镇海海德工业炉有限公司、宁波富恩特机电有限公司、宁波市镇海宏业机电仪表有限公司、宁波爱立德汽车部件有限公司、宁波市镇海双成机电设备制造厂、宁波杜亚机电技术有限公司、宁波硕丰冶金材料科技有限公司、宁波明欣化工机械有限责任公司等

二、镇海区产业空间布局的安全问题

尽管镇海区的工业产业对经济支撑作用明显,且工业产业结构不断优化,工业基础设施和后勤保障也日趋完善,但是产业扩张下的空间布局问题依然存在。通过深入分析镇海区产业空间布局和产业结构现状,对镇海区产业空间布局的安全问题总结如下。

(一)产业布局规划不合理带来的安全问题

以镇海炼化为导向型的企业落户形成了镇海区石油化工特色产业结构,产业规划滞后于产业自由扩张导致了产业布局分散。目前,镇海区有国家级宁波石化经济技术开发区、省级浙江镇海经济开发区和市级宁波(骆驼)机电工业园区。从整体产业空间布局来看,三个园区独立、分散的布局模式形成了"工业围城"的空间格局;从局部产业空间布局来看,部分集中居住区已被工业包围,如镇海老城区四面分别被宁波石化经济技术开发区、临港物流园、小港化工园、镇海电厂松散环绕,城镇功能区的提升受到了极大的限制。由此可见,不论是整体还是局部,镇海区未来发展过程中都会面临很多的问题。

镇海区在开发建设过程中,除了企业所在地块拆迁安置外,企业周边居住区缺乏规划改造,使得个别化工区周边仍居住着居民,部分园区内企业与村庄混杂;同时,随着工业园区周边居住环境逐渐完善,部分工业员工村也发生了很大的变化,相当数量的员工村已被挪作办公、商业、厂房等功能使用,这让生产区域和生活区域在空间分布上更加混乱;还有部分企业受到行政区划和税收的影响，零星分布在各个地方。这些现象使得镇海区的工业重镇形象一直无法改变。

（二）原材料大进大出带来的安全问题

宁波石化经济技术开发区内涉及 14 个产业门类，相比国内外专业的石化产业园区，宁波石化经济技术开发区的产业门类相对偏多。这种产业结构增加了原辅材料和生产工艺的管控难度。同时，镇海炼化在宁波仅布局了炼油和乙烯项目，而炼油过程中产生的副产品、中间体和乙烯下游产品的相应企业大都布局在宁波以外的地方。这种产业空间布局模式，增大了原材料的大进大出，不仅增加了生产成本，而且增加了安全生产的风险。

宁波石化经济技术开发区的澥浦区块中有相当大一部分企业是从江东滨江和镇海迁移过去的化工企业，这些企业中有些生产设备简陋、工艺落后；浙江镇海经济开发区和宁波（骆驼）机电工业园区中一部分企业是园区新建前就存在的或以低门槛引进的中小化工企业和一般制造企业，技术含量不高。这些产业结构杂散、技术含量低的企业，对镇海区产业结构的提升和区域安全承载能力造成了较大的压力。

（三）油气管线密集带来的安全问题

我国油气管道从 20 世纪五六十年代大规模建设以来，已取得了令人瞩目的成就。前期建设较早的管线，因腐蚀、老化等问题，部分管线已处于急需重新改造的阶段。镇海区独特的地理位置和产业结构，使得该区成为油气管道密集的重要区域。目前，全区共有油气管道 273 根，涉及 35 家企业。

天然气管网方面，镇海区现有高中压调压站 2 座，一座位于庄市分输站内，另一座位于慈海路与铁路交叉口；高压次高调压站 1 座，位于石化区湾塘片。中压天然气管道主要分布在老城片、临江片、新城南片、新城北片、机电园区等；次高压天然气管道主要分布在海天中路、北海路等。镇海区的长输高压天然气（杭甬天然气）沿东外环—绕城高速敷设，管径为 DN800，将东海春晓天然气经北仑区、江东区、镇海区等向杭州供应。镇海区城市高压天然气共有 5 条，气源均为庄市分输站。第一条沿铁路敷设，管径为 DN600，向镇海电厂供气；第二条沿铁路敷设，管径为 DN300，向镇海炼化供气；第三条沿庄俞公路敷设，管径为 DN300，向石化区调压站供气；第四条沿铁路敷设，管径为 DN500，向镇海区 1 号高中压调压站以及江北区供气；第五条沿东外环敷设，管径为 DN500，向江东区供气。其中后两条为宁波市中心城高压供气干管环网组成部分。

镇海区输油管道分属两家运营单位——镇海炼化和镇海国家战略油库。镇海炼化生产规模较大,年产 2300 万吨炼油,供油范围覆盖长三角区域,区内相联络的油库包括三官堂油库、五里牌油库和镇海港埠油库。镇海国家战略油库,库容 520 万立方米,其中除了主供镇海炼化外,还供应上海金山石化、舟山册子岛油库、大榭岛油库等,在镇海境内形成多条油气管廊带。石化区内化工企业较多,为便于物料运输,建有化工管廊。主管廊沿镇海港埠码头、镇岗北路、LG 公司西侧、海天中路、北海路建设,次管廊沿跃进路、海河路等道路建设。

伴随着我国的城市化、工业化、现代化进程的不断加快,"地荒"成了各级政府的心头大患,"疯狂找地"使得在原建管线保护区域内建设新项目的现象时有发生。后建的管线项目,由于线路长、跨度大,常经过不同的行政管理区域,易对城乡规划的完整性造成影响。而且在建设过程中,为缩减建设周期,管线企业往往采取边施工边获取用地的策略,导致管线用地不能和谐地纳入城乡规划用地中。这些问题,最终导致管线被占压和管线穿越居民区的现象。镇海区内这种现象也普遍存在,特别是公共区域内的管线,安全隐患多且整改难度大,主要表现在以下几个方面:①管线上方建筑物占压、管线与道路交叉占压、油气管线违章占压等;②管线与周边居民区安全防护距离不足;③油气管线与其他管道之间安全距离不足等。上述这些现象还常与城市区域扩展、部门职能转换、企业安全主体责任的落实等问题纠缠在一起,致使管线隐患整改工作涉及单位多、投入大、难度高。

第二节 镇海区产业空间布局风险分析

镇海区经历了 30 多年的建设发展,形成了以化工业为特色的产业空间格局。生产物料具有易燃、易爆、有毒有害的危险特性,对周围的人群和环境构成潜在的威胁。本节主要通过安全距离法和 ALOHA 危害区域模拟技术对镇海区产业空间布局进行风险分析,研究产业布局的安全距离和事故危害影响区域,找出产业空间布局所存在的问题。

一、基于安全距离法的产业空间布局风险分析

城镇化进程加快和产业快速扩张,让曾经与居住区保持一定距离的企业逐渐和居住区融合,由此形成的风险正在不断提高。企业与暴露目标之

间保持合理的安全距离已成为社会关注的一个重要问题,同时也是各项规划中需要着重考虑的一个因素。

(一)研究方法

安全距离主要通过历史数据资料、类似装置的操作经验数据、后果评估或专家判断来确定。目前,我国主要通过相关的标准规范来确定企业与周边的安全距离。安全距离要求工业项目与外部有关场所、居民区、人群集中区及其他场所或相关设施等保持一定的隔离距离,是风险控制的最低要求。该法的运用是基于对互不相容的区域进行强制隔离,距离的确定以工业项目活动的类型以及储存危险物料的数量为依据。在实际操作过程中,根据不同工业活动类型对应不同的安全距离,并将此距离作为一种行业规范在国家范围内推广。同时根据防护目标、标准和使用部门等的不同,又分为外部距离、防火间距、卫生防护距离和大气环境防护距离等。由于镇海区重化工业发达,发生火灾、爆炸事故的概率大,因此采用外部距离和防火间距来作为镇海区产业空间布局的安全距离。有关安全距离的国家标准有《建筑设计防火规范》(GB 50016—2014)、《石油化工企业设计防火规范》(GB 50160—2008)、《装卸油品码头防火设计规范》(JTJ 237—1999)等。表4-4为石油化工企业与相邻工厂或设施的防火间距。

表 4-4 石油化工企业与相邻工厂或设施的防火间距

单位:米

相邻工厂或设施		防火间距				
		液化烃储罐	甲、乙类液体灌区	可燃液体高架火炬	甲、乙类工艺装置或设备	全厂性或区域性重要设施
居民区、公共设施、村庄		150	100	120	100	25
相邻工厂		120	70	120	50	70
厂外铁路	国家铁路线	55	45	80	35	—
	厂外铁路线	45	35	80	30	—
国家、工业区铁路编组站		55	45	80	35	25
厂外公路	高速一级公路	35	30	80	30	—
	其他公路	25	20	60	20	—
变配电(围墙)		80	50	120	40	25
架空电力线路(中心线)		1.5倍塔杆高	1.5倍塔杆高	80	1.5倍塔杆高	—

续表

相邻工厂或设施		防火间距				
		液化烃储罐	甲、乙类液体灌区	可燃液体高架火炬	甲、乙类工艺装置或设备	全厂性或区域性重要设施
Ⅰ、Ⅱ国家架空通信线路（中心线）		50	40	80	40	
通航江、河、海岸线		25	25	80	20	
埋地输油管道	原油及成品油（管道中心）	30	30	60	30	30
	液化烃（管道中心）	60	60	80	60	60
地区埋地输气管道（管道中心）		30	30	60	30	30
装卸油品码头（码头前沿）		70	60	120	60	60

（二）单元划分

利用安全距离法分析产业空间布局所存在的风险，需要将区域产业格局分成有限、确定范围的若干个单元。这样不仅可以简化工作，避免遗漏，而且能够得到各单元风险的相对概念。

根据镇海区产业特点和集聚状态，以区域产业为系统，产业园区为子系统，园区内各片区为单元，将镇海区分为9个单元，具体单元如表4-5所示。其中产业单元范围依据《宁波市城市总体规划（2006—2020年）》（2015年修订）、《宁波市镇海区分区规划（2004—2020年）》、《宁波石化经济技术开发区总体规划（2002—2020年）》等相关资料规定。

表4-5　区域产业单元划分

产业园区	产业单元
宁波石化经济技术开发区	①澥浦片区 ②岚山片区 ③湾塘片区 ④俞范片区
浙江镇海经济开发区	⑤A+B片区 ⑥C+D片区 ⑦蛟川街道沿甬江片区 ⑧镇海炼化周边片区
宁波（骆驼）机电工业园区	⑨骆驼片区

（三）结果及分析

根据《宁波市镇海区分区规划（2004—2020年）》,并结合其他相关标准规范,对镇海区产业空间布局的安全距离进行风险分析,分析结果如表4-6所示。

表4-6　风险分析结果

单位:米

单元	周边区域及安全距离				备注
	东	南	西	北	
澥浦片区	海洋	澥浦大河	汇源路以西企业	慈溪界	山体作为隔离带,无缓冲带
	—	—	35/70	—	
岚山片区	围垦	空地	岚山水库	澥浦大河	岚山水库作为隔离带
湾塘片区	围垦	甬舟高速	镇浦路以西居住区	岚山水库	
	—	300/25	38/25		
俞范片区	海洋	威海路	俞范东路两边居住区	新泓口河	无有效隔离带和缓冲带
	—		110/100		
A+B片区	金丰北路以东居住区	镇宁东路以南居住区	农田	雄镇路	企业与居住区混杂
	45/25	65/50	—		
C+D片区	港区煤场	港区煤场	环城北路以西居住区	威海路	雄镇路以西与环城北路以东区域部分企业与居住区混杂
	50/25	70/25	80/25	—	
蛟川街道沿甬江片区	镇电桥以东居住区	甬江	农田	镇宁东路以北居住区	部分企业与居住区混杂
	—	—	—	50/25	

续表

单元	周边区域及安全距离				备注
	东	南	西	北	
镇海炼化周边片区	俞范东路以东居住区	农田	农田	顺泰路以北居住区	部分居住区被企业包围
	40/25	—	—	45/25	
骆驼片区	国道329以东居住区	浜子港	农田	国道1501以北居住区	企业与居住区混杂现象严重
	55/25	—	—	70/25	

注:1.周边区域指距离产业单元最近的企业、居住区及其他建(构)筑物等。

2.斜线(/)前的数字表示产业单元与周边区域的实际安全距离,斜线(/)后的数字表示规定的安全距离,其中实际安全距离为初步测量值。

从各产业单元外部空间布局的安全距离分析结果来看,除了澥浦片区西侧与周边企业的安全距离不符合要求外,其他产业单元的外部空间都符合要求。澥浦片区西侧与周边企业之间有山体作为隔离带,无缓冲带;俞范片区西侧居住区与企业之间没有有效的隔离带和缓冲带。

从各产业单元内部空间布局的安全距离分析来看,由澥浦片区、岚山片区、湾塘片区和俞范片区组成的宁波石化经济技术开发区内无居住区、公建设施等高密度、高敏感建设项目;产业单元A+B片区、C+D片区、蛟川街道沿甬江片区和骆驼片区都存在企业与居住区混杂的现象,其中骆驼片区较为严重;镇海炼化周边片区的部分居民区(如棉丰村、镇海炼化生活区)四周被企业包围。

二、基于危害区域模拟的产业空间布局风险分析

产业空间布局不合理,除了会给产业健康发展、城市空间格局、资源优化配置等带来影响外,也会给社会稳定、公共安全等带来问题。近年来,由石化工业选址的"邻避(not in my backyard,NIMBY)"问题引发的群体性事件备受社会各界的关注。因此,本小节通过对宁波石化经济技术开发区内化工企业危险化学品储罐泄漏事故的危害区域进行模拟,确定合理可信的影响区域。

(一)研究方法

危险化学品产生的事故可以分为火灾、爆炸和中毒三大类。[①] 根据燃烧方式的不同,可以将火灾事故分为池火、喷射火、火球和闪火等类型。易燃或可燃的危险化学品泄漏到空气中会形成蒸气云,浓度处于爆炸范围以内的蒸气云遇到点火源时就会燃烧,燃烧非常迅速,并且剧烈时就可能导致爆炸。危险化学品泄漏后产生的爆炸事故,一般可分为沸腾液体扩散蒸气云爆炸和其他爆炸等。若泄漏的危险化学品是有毒物质,有毒物质进入人体使人体某些生理功能或组织、器官受到损坏,即发生中毒事故。各类危险化学品的事故情景如图 4-3 所示。

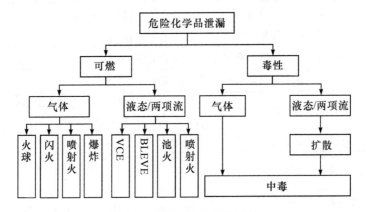

图 4-3 危险化学品事故情景

根据宁波市第一批危化企业(宁波石化区)调研摸底报告,本研究统计了石化区内有重大危险源的 30 家企业及企业所涉及的重点监管的危险化学品,如表 4-7 所示。

表 4-7 重大危险源企业概况

编号	企业名称	类型	重点监管的危险化学品
1	宁波巨化化工科技有限公司	生产	一氯甲烷、三氯甲烷、液氯、甲醇、2,2-偶氮二异丁腈
2	宁波乐金甬兴化工有限公司	使用	丙烯腈、丁二烯、苯乙烯、甲苯、液氨

---

① 马科伟,朱建新,包士毅,等. 基于多米诺效应的化工园区定量风险评估方法研究. 浙江工业大学学报,2011,39(1):29-33.

续表

编号	企业名称	类型	重点监管的危险化学品
3	宁波顺泽橡胶有限公司	使用	丙烯腈、丁二烯、液氨
4	浙江恒河石油化工股份有限公司	生产	天然气、氢气
5	中石化镇海炼化分公司	生产	乙烯、氢气、丁二烯、原油、硫化氢、甲烷、环氧乙烷、甲苯、丙烯、液化石油气、汽油、苯等
6	宁波镇海炼化利安德有限公司	生产	氢气、乙烯、丙烯、苯、环氧丙烷、苯乙烯
7	宁波浙铁江宁有限公司	使用	氢气、丙烯
8	宁波镇洋化工发展有限公司	生产	液氯、氢气
9	镇海国家石油储备基地	经营带储存	原油
10	中石化管道储运公司岚山商储库	经营带储存	原油
11	宁波瑞福特气体储运有限公司	经营带储存	乙烯
12	宁波富德能源有限公司	生产	氨、甲烷、氢、甲醇、环氧乙烷、乙烯、丙烯、甲苯
13	宁波欧瑞特聚合物有限公司	生产	苯乙烯、1,3-丁二烯、氢气
14	宁波四明化工有限公司	生产	氨、甲烷、氢、甲醇、一氧化碳、硫化氢
15	阿克苏诺贝尔乙烯胺（宁波）有限公司	生产	环氧乙烷、液氨、乙烯、甲烷、氢气
16	阿克苏诺贝尔化学品（宁波）有限公司	生产	液氨、天然气、二氧化硫、氢气、氰化氢、氰化钠溶液
17	浙江杭州湾腈纶有限公司（含宁波先安化工）	使用	丙烯腈
18	宁波甬兴化工有限公司	生产	丙烯、氢气
19	宁波新龙欣化学有限公司	生产	无
20	浙江鑫甬生物化工有限公司	生产	苯乙烯、液氨、丙烯腈
21	阿克苏诺贝尔聚合物化学（宁波）有限公司	生产	天然气
22	宁波浙铁大风化工有限公司	生产	环氧丙烷、苯酚、甲醇
23	宁波市镇海飞翔液氨充装站	生产	液氨
24	宁波镇洋新材料有限公司	生产	乙烯、液氯、丙烯腈

续表

编号	企业名称	类型	重点监管的危险化学品
25	宁波争光树脂有限公司	使用	苯乙烯、二甲胺、氯甲基甲醚、甲醇、氯化氢、丙烯腈
26	宁波永顺精细化工有限公司	生产	乙酸乙酯
27	宁波大地化工环保有限公司	生产	甲苯
28	宁波神化特种化学品集成有限公司	经营带储存	氰化钾、氰化钠
29	宁波大安化学工业有限公司	生产	天然气、乙酸乙酯、苯
30	宁波欧迅化学新材料技术有限公司	使用	甲醇、液氨、甲苯、硫酸二甲酯

在 30 家有重大危险源的企业中,有 13 家企业位于瀣浦片区,5 家企业位于岚山片区,湾塘片区和俞范片区各有 6 家企业。共涉及 32 种重点监管的危险化学品,这四个片区重点监管的危险化学品分布情况如图 4-4 所示。

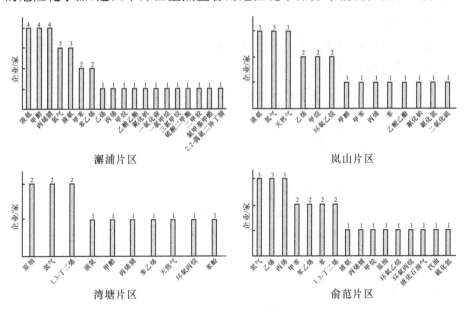

图 4-4 石化区重点监管的危险化学品分布

由于涉及的危险化学品数量较多,空间分布较广,因此只能根据危险化学品企业及其数量在空间分布上的情况,同时结合危险化学品本身的理化性质,选取具有代表性的 9 种危险化学品进行泄漏危害区域模拟。具有代表性的危险化学品选取情况如表 4-8 所示。

表 4-8　危险化学品选取情况

区域	危险化学品
澥浦片区	液氨、甲醇、丙烯腈、氢气、液氯
岚山片区	氢气、天然气
湾塘片区	丁二烯
俞范片区	苯、乙烯

有害大气空中定位软件 ALOHA，是由美国环保署化学制品突发事件和预备办公室、美国国家海洋和大气管理响应与恢复办公室共同开发的应用程序。本研究利用 ALOHA 软件，模拟计算宁波石化经济技术开发区内危险化学品泄漏后的毒气扩散、火灾和爆炸的危害影响范围。

根据年平均气候特征来模拟石化区事故发生时的场景，东南偏东风向，3m 高处平均风速约为 4.8m/s，环境温度为 17.1℃，空气相对湿度约为 79%。以危险化学品通过孔洞泄漏来模拟连续泄漏，泄漏孔径根据《化工企业定量风险评价导则》（AQ/T 3046—2013）中常用泄漏孔径进行设定。根据相关企业实际状况确定或选取石化区内具有代表性的设备设施。各片区危险化学品泄漏场景设置如表 4-9 所示。

表 4-9　危险化学品泄漏场景设置

区域	序号	泄漏源	泄漏模式	温度/℃	泄漏场景
澥浦片区	1	30m³ 液氨卧式储罐	连续泄漏	−30.0	中孔泄漏：25mm
	2	1000m³ 甲醇储罐	连续泄漏	17.1	大孔泄漏：100mm
	3	5000m³ 丙烯腈储罐	连续泄漏	17.1	大孔泄漏：100mm
	4	200mm 氢气管道	连续泄漏	17.1	管道断裂：200mm
	5	50m³ 液氯卧式储罐	连续泄漏	−35.0	中孔泄漏：25mm
岚山片区	1	15m³ 氢气储罐	连续泄漏	17.1	小孔泄漏：5mm
	2	300mm 天然气管道	连续泄漏	17.1	管道断裂：300mm
湾塘片区	1	3000m³ 丁二烯球形储罐	连续泄漏	15.0	大孔泄漏：100mm
俞范片区	1	5000m³ 苯储罐	连续泄漏	17.1	大孔泄漏：100mm
	2	6000m³ 乙烯球形储罐	连续泄漏	−38.0	大孔泄漏：100mm

(二)计算模拟

以 $30m^3$ 液氨卧式储罐泄漏事故为例,利用 ALOHA 软件对液氨泄漏的危害影响范围进行定量分析。

关注水平(levels of concern,LOC)是根据影响程度的不同对事故发生后的影响区域进行分区,以确定不同应急措施的临界值。该水平是人为规定的阈限值,人体暴露于大于这个水平的环境中,就会对健康构成危害。目前,国外采用的短时间接触有毒有害气体的阈限值主要包括急性暴露指导水平(acute exposure guideline level,AEGL)、应急响应计划指南(emergency response planning guidelines,ERPG)和临时应急暴露限值(temporary emergency exposure limits,TEEL)等。同时,美国能源部还规定了有毒有害气体阈限值的取值标准:先采用 AEGL;若无 AEGL,则采用 ERPG;若 AEGL 和 ERPG 均未发布,则采用 TEEL。[①]

图 4-5 为 $30m^3$ 液氨卧式储罐泄漏后,氨的 AEGL 分区值。从中可以看出,下风向最远距离 257m 范围内氨蒸气浓度大于等于 1100ppm,按 AEGL-3 要求执行,即人员暴露在该区域 60min 会危及生命或者死亡,该区域应当设为紧急疏散区,公安消防人员应紧急疏散在该范围内的人群,疏散人群和事故处理人员应佩戴相应的安全防护用具。下风向距离>257~747m 范围内氨蒸气浓度为 160~<1100ppm,按 AEGL-2 要求执行,即人员暴露在该区域 60min 会出现不可逆转的或其他严重的、长期的损害或会削弱其逃生能力,该区域应当设为协助疏散区,建议在该范围内人员不要在室外随意走动或逗留,应在室内密闭空间就地避难。下风向距离>747~1800m 范围内氨蒸气浓度为 30~<160ppm,按 AEGL-1 要求执行,即人员会出现不适、愤怒或某些无症状的丧失感觉的症状,但是这些症状不会使人致残,一旦暴露停止就可恢复,应将该区域设为自主疏散区,人员自行疏散。

氨蒸气云爆炸的主要危害是冲击波超压,ALOHA 中用建筑物毁坏、人员重伤和玻璃破碎三种后果程度的超压强度来表征压力的影响范围,即 8.0psi、3.5psi 和 1.0psi。从图 4-6 可以看出,当发生氨泄漏时,不会出现建筑物破坏和可能的严重损伤事件;下风向距最远距离 15m 范围内,建筑物的玻璃会被震碎,但对室内人员不会有明显的伤害。

---

① 董业斌,张秀青,王伟,等.有毒有害气体危害阈值的探讨.广州化工,2014,42(11):151-153.

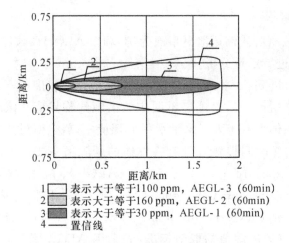

1 □ 表示大于等于1100 ppm，AEGL-3（60min）
2 ▨ 表示大于等于160 ppm，AEGL-2（60min）
3 ▧ 表示大于等于30 ppm，AEGL-1（60min）
4 —— 置信线

图 4-5　氨蒸气扩散区域

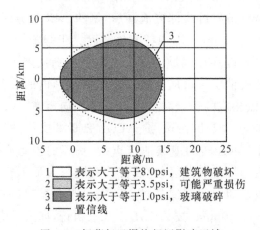

1 □ 表示大于等于8.0psi，建筑物破坏
2 ▨ 表示大于等于3.5psi，可能严重损伤
3 ▧ 表示大于等于1.0psi，玻璃破碎
4 —— 置信线

图 4-6　氨蒸气云爆炸超压影响区域

（三）结果及分析

利用 ALOHA 软件分别对各片区具有代表性的危险化学品进行泄漏危害区域模拟，得到各危险物质泄漏引起的有毒危害区、易燃区和蒸气云爆炸超压影响范围，汇总结果如表 4-10 所示。

表 4-10　危险化学品泄漏危害影响范围

区域	危险化学品	毒物危害 LOC 1			蒸气云易燃 LOC 2		蒸气云爆炸超压 LOC 3		
					60% LEL	10% LEL	8.0psi	3.5psi	1.0psi
澧浦片区	液氨	AEGL-3(60min)=1100ppm　257m	AEGL-2(60min)=160ppm　747m	AEGL-1(60min)=30ppm　1800m	16m	45m	NE	NE	15m
	甲醇	ERPG-3=5000ppm　34m	ERPG-2=1000ppm　82m	ERPG-1=200ppm　375m	33m	41m	NO	NO	NO
	丙烯腈	ERPG-3=75ppm　651m	ERPG-2=35ppm　1100m	ERPG-1=10ppm　2400m	30m	64m	NO	NO	NO
	氢气	TEEL-3=400000ppm　86m	TEEL-2=230000ppm　115m	TEEL-1=65000ppm　224m	567m	1700m	441m	478m	687m
	液氯	AEGL-3(60min)=20ppm　766m	AEGL-2(60min)=2ppm　2600m	AEGL-1(60min)=0.5ppm　5300m	—	—	—	—	—
岚山片区	氢气	TEEL-3=400000ppm　<10m	TEEL-2=230000ppm　<10m	TEEL-1=65000ppm　<10m	17m	43m	10m	13m	23m
	天然气	TEEL-3=200000ppm　111m	TEEL-2=5000ppm　848m	TEEL-1=3000ppm　1200m	479m	1400m	NE	NE	389m

续表

区域	危险化学品	毒物危害 LOC 1			蒸气云易燃 LOC 2		蒸气云爆炸超压 LOC 3		
		ERPG-3=5000ppm	ERPG-2=200ppm	ERPG-1=10ppm	60%LEL	10%LEL	8.0psi	3.5psi	1.0psi
湾塘片区	丁二烯	290m	2100m	>10000m	178m	497m	NE	111m	216m
		ERPG-3=1000ppm	ERPG-2=150ppm	ERPG-1=50ppm					
	苯	62m	334m	700m	31m	79m	NO	NO	NO
俞范片区		TEEL-3=7500ppm	TEEL-2=7500ppm	TEEL-1=600ppm					
	乙烯	634m	634m	2900m	444m	1300m	NE	341m	458m

注：NE 表示不会超过；NO 表示不会爆炸。

从表 4-10 可以看出,澥浦片区危险化学品企业较为集中,且危险物质泄漏扩散的影响范围也较广,虽然有山体作为隔离带,但仍有多个集中居住区(澥浦村、汇源社区、十七房村、岚山村等)在危害区域范围内,居住区与化工区之间无有效的隔离带;岚山片区的西面为岚山水库,岚山水库是一片天然的隔离区,因此危险物质对周边居民区影响较小;湾塘片区的危害影响范围主要由危险化学品燃烧爆炸引起,危害类型为爆炸冲击波和热辐射;俞范片区的镇海炼化内储存着多种危险化学品,同时周边有多个集中居住区(棉丰村、陈家村、俞范村等)在危害影响范围内,而且无有效的隔离带。

第三节　优化镇海区产业空间安全布局建议

产业空间布局中的安全问题,往往在社会、经济和政治等多种因素共同作用下产成。本节从城市用地、产业规划和社会安全意识三个方面,探析镇海区产业空间布局过程中安全问题产生的原因。同时,以镇海区产业空间布局现状为基础,对镇海区产业空间安全布局提出一些建议。

一、镇海区产业空间布局问题探析

镇海区在产业发展过程中,始终坚持以走新型工业化道路、推进产业结构调整和促进产业集群建设来不断优化产业空间布局,按照"抓龙头、铸链条、建集群"的模式着力打造现代化产业体系,产业经济不断呈现出快速发展、结构优化、效益提升的良好态势。但在发展过程中也积累了一些矛盾和问题,以下从三个矛盾来探析镇海区产业空间安全布局问题产生的原因。

(一)行业发展和城市发展之间的矛盾

区域用地随着产业的兴起、转变而不断扩展,镇海区空间结构随着石化、精密机械、机电等产业的兴起而不断形成发展。在前期的城镇工业化建设时期,镇海区在缺少规划指导的前提下依地而建设,由于当时产业规模和产业集聚程度较低,居住用地与工业工地之间的矛盾未显现出来。随着城镇化速度的加快、产业规模的不断提升和居住人口的爆炸式增长,居住用地和工业用地双向扩展,居住区和工业区互相围绕而建,最终形成了企业与居住区混杂的空间格局。这种局面对城市公共安全和整体形象造成了很大的影响。虽然通过扩展工业经济发展空间、优化工业用地等手段这种局面得到了一定程度的改善,但是受到技术、资金、观念等影响,中心城区特别是老城区还是存在居住、商业、工业等混杂的空间布局。这种状况不仅严重影响了城市功能用地的发挥，而且增加了城市空间的脆弱性。

（二）规划导向与实施成本之间的矛盾

工业灾害频发与工业企业布局或选址不当有着密切的关系，而布局规划对产业空间结构的合理布局起了至关重要的作用，但是在很多项目实施过程中，由于种种原因，规划与实施之间总是无法达到量入产出的平衡。化工厂的搬迁问题就是一个很好的例子，造成化工厂搬迁困难的主要原因是搬迁成本过高，一次整体搬迁的花费并非一笔小数目，而且搬迁企业除了要面对用工、运输的成本增加外，搬迁后企业能否如期恢复生产也存在不确定性。虽然将化工企业搬离人口稠密区和商业区是一种降低风险的有效途径，但搬迁工作并不简单，危险化学品企业的搬迁工作涉及资金筹备、土地征用和职工安置等一系列问题，是一项复杂的系统工程。

（三）经济发展与公共安全之间的矛盾

资本的力量在产业空间布局中成为一只隐形的大手。改革开放以来，大量外资和民营企业将资金注入镇海区。工业化在带动经济快速发展的同时，使原本就在加速的工业化步伐变得更加急促。随着工业事故的频发和人们安全意识的提高，经济发展在公共安全面前遇到了空前的挑战，公共安全问题被提升到了一个新的高度。

二、镇海区产业空间安全布局的对策建议

优化产业空间布局、完善产业结构是推进产业科学发展的根本，产业健康发展对提高资源综合利用水平、保护生态环境和加快生态文明建设具有重要的意义。为促进镇海区产业结构协调发展和产业布局优化，防范区域性风险和邻避效应，增强宏观管控的前瞻性、针对性、协同性，各地区、各部门需要进一步统一思想，提高认识，切实加强工作指导。针对镇海区产业空间布局现状，结合产业空间布局风险分析结果，从技术和管理角度，提出以下对策建议。

（一）强化空间安全格局

产业结构完善是区域空间格局和产业不断集聚的过程，而空间格局强化是产业结构不断合理化和高度化的调整与演进，产业结构的完善与地区发展水平和城市空间扩展具有相互协调、交互响应的关系。区域产业结构协调，对区域经济的发展至关重要。随着产业结构从低级向高级发展，第一产业比重趋于下降,第二、三产业比重上升且地位日益显著。通过不断完善产业结构,构建符合安全发展理念的产业空间格局,对城市发展和社会稳定具有决定性的作用。

为了提高镇海区产业空间结构的安全性,根据镇海区产业空间结构现状,在不改变原有产业功能区的情况下,提出"独立一区,整合一片"的产业空间格局。"独立一区"即宁波石化经济技术开发区,所有新建化工项目进入该区域,进区率达100%,对不在该区域的化工企业实施关闭或搬迁。同时,根据《宁波石化经济技术开发区总体规划(2014年修改)》,石化开发区要以发展三类工业为主,园区澥浦南片区和蛟川片区、外围临俞片区以发展一、二类工业为主。"整合一片"即镇海经济开发区片区、蛟川街道沿甬江片区、镇海炼化周边片区和镇海骆驼机电园区片区四个片区,进行整合提升,形成协调发展、错位发展、特色发展的区域产业发展格局。

坚持统筹规划,优化产业布局,实现效益最大化、安全最优化。将安全理念贯穿宁波市新一轮城市总体规划和产业布局规划中,各部门对规划过程中涉及的安全问题要达成共识。镇海区要按照加快经济转型发展、全面参与"一带一路"的发展战略,切实落实产业规划和空间布局细化,要以规划来定项目。产业规划是区域产业科学发展的前提和基础,要深刻认识规划工作在引领镇海区经济社会发展全局中的重要地位和作用,进一步强化规划意识,提高规划水平,坚持规划先行,充分发挥规划的先导作用、主导作用和统筹作用。产业规划要与城乡规划、土地利用规划和安全生产规划等相衔接,推进"多规融合",为形成一个区一本规划、一张蓝图奠定基础;注重规划预期目标和远期空间格局的形成,做到远近结合。

石化产业是宁波市工业经济的重要支柱产业,根据《宁波市石化产业链发展"十三五"规划》,至2015年年底,全市共有规模以上石化企业298家,拥有资产2056.4亿元,从业人员54183人,全年完成工业总产值2933.7亿元,占全市规模以上工业产值的21.3%,实现利税441.3亿元,占全省石化工业利税的56.5%。可以看出,石化产业对经济增长具有举足轻重的作用。但石化产业资源依赖性强、环境占用量大、物料互为供需、布局密不可分,因此,需要合理布局,一体化建设,同时各区域要围绕各自的龙头企业,发展与之相关的产业,推动产业集聚发展。宁波石化经济技术开发区要以镇海炼化和乙烯项目为龙头,重点完善以乙烯、丙烯为基础原料的烯烃下游产品,以C_4、C_5深加工和芳烃利用为主导的若干产业链,创造条件建设炼化一体化项目。"十三五"期间,宁波石化经济技术开发区的石化产业要以宁波创建"中国制造2025"试点示范城市为契机,以"绿色低碳发展"为主旨,做好"循环经济"文章,重点深化供给侧结构性改革,重点发展化工新能源、化工新材料、高端石化产品。在镇海经济开发区及其整合提升范围内,推进园区整合提升工作,以精密机械、高科技电子等特色产业为载体,推动产业集聚发展,加强以街道(镇)为主体的工业园区互动,形成错位发展、优势互补的产业格局。通过产业关联度提升和产业链的延长,提高产品的附加值,大大减少原材料大进大出的产业布局模式,避免因产业布局散乱而带来安全问题。

我国长期以来主要依靠要素的投入和积累来保持经济的高增长,我国生产占世界10%的GDP,却消耗了世界一半的煤炭、钢铁和建材。[①] 这种粗放的发展方式,导致了社会不合理的需求,超能力生产、超负荷运输等加大了安全生产的压力,导致事故时有发生,也造成煤炭、钢铁和建材产能严重过剩。行业必须通过供给侧改革,淘汰落后产能,促进产业转型升级,进而实现安全生产和安全发展的目的。宁波石化经济技术开发区内的企业,要对标国际、国内先进水平,坚决淘汰规模小、污染重、产品档次低的化工企业。对其他工业园区和不在园区内的重点行业企业进行全面排摸,对技术含量低、产品附加值低、现场管理差的企业,实施整改或关停淘汰,进一步推进"腾笼换鸟"工作。

(二)促成关键区块搬迁

优化产业空间布局是当前促进发展方式转变和经济结构调整的重要举措,关键区块的搬迁问题一直是产业空间调整过程中重要的因素之一。在关键区块搬迁过程中,要做到加强利益协调、项目协调和部门协调,努力构建安全生产整治提升的政务工作平台、体制保障平台和监管执法平台。

随着产业结构的调整和区域用地结构的转变,产业用地不断向外扩展。如果区域内部居住区或企业无法外迁,那么城市内部功能的重组和置换就无法实现,最终将造成企业与居住混杂、城市面貌提升困难等一系列问题。因此,加快推进关键区块或功能区域内的搬迁工作,对提升区域空间安全格局和城市整体面貌具有积极的作用。结合第二节的分析内容,需要对镇海区部分关键区块内的居住区或企业进行搬迁,如表4-11所示。

---

① 黄毅.把握供给侧改革给安全生产带来的新机遇.(2016-02-22)[2016-07-12]. http://www.chemicalsafety.org.cn/detail.php? oneid=23150.

表 4-11 部分关键区块搬迁建议

序号	关键区块/敏感点	立即搬迁	逐步搬迁	备注
1	澥浦片区/澥浦镇靠近石化区部分居住区	√		
2	俞范片区/镇海炼化西侧的村落	√		
3	A+B片区/企业与居住区混杂区		√	
4	C+D片区/园区西侧居住区		√	
5	蛟川街道沿甬江片区/镇海电厂	√		正在搬迁
6	蛟川街道沿甬江片区/企业与居住区混杂区		√	
7	镇海炼化周边片区/企业与居住区混杂区		√	
8	骆驼片区/企业与居住区混杂区		√	问题较严重
9	其他片区/庄市工业A+B区		√	
10	其他片区/镇海港埠公司煤港		√	限制发展

做好关键区块搬迁后的用地控制性详细规划,确定关键区块的功能定位和用地布局。镇海电厂搬迁后,实现招宝山、蛟川两个街道全面贯通、融合发展,为形成招宝山—蛟川—庄市沿甬江城市发展带打下基础;宁波石化经济技术开发区的周边居住区搬迁后作为石化区与周边的缓冲区;对于企业和居住区混杂的关键区块,通过产业集聚、集中居住区建设等方式逐步提升城市整体面貌;对零散分布的企业按照"退二进三"和"退二优二"并举的原则,通过提升产业结构,加快向产业园区整合;对于污染较重的镇海港埠公司,通过限制其发展,逐步减少煤炭运输的方式进行业务转移;通过打破现有园区行政区划管理的模式,成立专门机构,负责统筹安排全区工业布局、利益协调等问题,废除"小而全"的工业布局模式,打破"异地发展,税收分成"的利益共享机制,倒逼零星产业进园区。

(三)加快隔离带建设

通过借鉴国内外化工园区与生活区之间的空间布局经验,提出圈层式和框架式隔离带模式。根据化工区"独立一区"的空间布局战略,按照城市生活区—生态隔离带—产业过渡带—产业发展带的圈层式布局模式,对位于宁波石化经济技术开发区边界外、安全距离内的现有居住区制定搬迁计划,使镇海新城与宁波石化经济技术开发区之间形成一个生态隔离带,在整合村庄搬迁地块的基础上,发展科研及清洁工业,逐步形成产业缓冲带。根据镇海区现有的产业空间布局形式,以329国道、镇骆西路、雄镇路、北环东路四条主干道为轴线,构建工业区与居住区的框架式空间隔离带。以此为界,逐步改变企业与居住区混杂的现状,形成产业带与城市带安全隔离、功能互补的发展格局。

（四）重构管线管廊

青岛中石化黄潍输油管道泄漏引发的重大爆燃事故,再次敲响了地下油气管道的安全警钟。镇海区作为宁波市主要的重化工产业基地,其石化产业年产值超千亿元,而公共区域的油气管道建设年代久、线路复杂,对区域公共安全构成了极大的威胁。如何推进油气管廊整合优化、加快过江油气管线搬迁、完善天然气管网建设已成为一个亟待解决的问题。

严格油气管道安全距离范围内的规划控制,加强油气管道建设在规划、设计、施工、竣工核实等全过程中的规划监督,严格实施油气管线规划许可和规划核实制度。开展地下油气管道普查,完善油气管道信息系统。优化沿海化工产业带油气管道布局,评估并修编管廊专项规划。镇海区要推进杭甬天然气管道镇海花木世界改线工程、半路涨液化气储配站搬迁、中石化镇海炼化原油1号线更新和中石化镇海炼化石塘下管线迁改等隐患治理项目。镇海炼化甬江管廊带穿过镇电社区和古塘丽景两个住宅小区,存在安全隐患,建议停用东侧管廊带,整合管道移位于西侧的五里牌管廊带上,消除安全隐患;对宁镇路、中官路、雄镇路、镇骆路四个区域节点,组织开展企业与市政管道关键节点对接会议。通过会议讨论、现场勘察等方式确定相互之间管道交叉布置情况,统计分析该区域内管廊需征用土地面积,扣除公共区域部分,探索管道土地使用管理新措施。

（五）体制机制创新

体制机制创新是提高政府监管科学化水平的有力保证,要不断完善"政府＋园区＋企业"的纵向应急管理体系,推进应急救援信息平台建设。通过政策引导、资金扶持等方式,鼓励有条件的危险化学品企业组建危险化学品专职消防队;以政府补贴、企业代储的方式,加强应急装备和物质能力建设,建立全市应急装备、物资信息的数据库,并纳入应急救援信息平台。

互联网不仅是信息化时代最具特色、最具影响力的信息发布方式,也在一定程度上引导着舆论的发展方向,对社会稳定发展起着重要作用。要打破现阶段重大项目专家封闭式的评估模式和以公权力强迫接受的决策模式,建立新闻发言人制度,提高重大项目的公众参与程度。化工企业要与周边的居民签订协议,及时告知居民存在的安全风险。可效仿"镇海炼化公众开放日"活动,化工园区不定期地组织周边社区居民来化工厂参观。通过对舆论危机进行提前预测预警,科学判断舆论的走势,一旦危机发生可快速作出准确的反应。要建设政府机构的舆论阵地,完善网络问责制度,优化网络问政的链条,完善长效机制。同时,要不断提升网络管理队伍的管理水平和能力,满足日益复杂的网络舆论环境的实际需要。

第五章　优化城区空间结构,推进双核协同

从单核驱动到双核协同,是镇海城市经济社会发展的必然要求,也是城市空间结构不断完善的重要表现。在新型城市化加速推进的背景下,镇海区必须把握有利时机,明确新城、旧城功能,发挥各自优势,进一步推进双核协同,加快推进与科技材料城的协调发展。

第一节　城区空间结构现状

镇海区的城市空间结构,从最初的单核驱动,到现在的双核协同,经历了一个较长的发展历程。镇海新城的建设,是镇海实现"双核协同",促进镇海协调发展的重要历史机遇。

一、单核驱动到双核协同的演变

新中国成立以来,镇海的空间演变经历了村镇聚落的自在式发展阶段、港口带动下的沿江发展阶段、临港向腹地扩展阶段和新形势下的组团式发展阶段。目前已进入城市建设双核协同的时代。

(一)单核驱动阶段

由于历史和经济的原因,新中国成立以来镇海很长时期内处于以老城单核驱动的阶段。老城即原来的城关镇,地处甬江北岸,距宁波(指老城区,下同)18千米,古称浃口,别名蛟川,通称镇海。809年(唐元和四年)置望海镇;897年(乾宁四年)改为静海镇;909年(梁开平三年)置望海县,历为县

治。1947年为蛟川镇,1949年5月更名为城关镇。1985年撤县建区。

镇海老城大体上延续了传统的城市格局,空间结构特色鲜明,形成了"三横一纵"的城市开放空间结构。

1.甬江轴线

甬江口是宁波的水上门户,甬江贯穿整个镇海区,其有着深厚的文化内涵,甬江轴线集中展现了镇海城市景观和自然风貌,是重要的生活休闲岸线和三江文化长廊的重要组成部分。

2.城河轴线

城河路、车站路是老城的主要综合性交通干道,是现代城市建设文脉的展示窗口。城河轴线经过街景整治已基本成形,应在延续城市文脉的前提下,立足主要节点,以老城入口、物资局、桃弓弄等地块为重点,塑造老城入口形象,强化建筑轴线景观。

3.古塘轴线

古塘是典型的城塘合一的历史遗迹,是招宝山景区的重要组成部分,具有深厚的文化底蕴,古塘轴线集中体现了镇海老城海防文化和自然景观,是老城的绿色屏障。

4.南街轴线

南街是老城传统的商业文化街区,也是镇海本土文化的重要展示区,自古塘经鼓楼至甬江,串联古塘、城河、甬江三条轴线,集中展示了城市古代、近代和现代的发展文脉。

老城依江傍海,具有河口港特色和深厚的历史文化积淀及人文底蕴,城市格局、空间形态、肌理文脉基本保存完整,品位犹存,具有人性化的城市空间。招宝山、古塘、甬江环绕老城,环境优美,具有浓郁的江南小城韵味。

经济、社会基础条件良好,液体化工市场、再生金属加工园区等港口商贸物流产业初具规模,已基本完成工业迁移。人口素质较高,镇海中学等基础教育品牌效应显著,社区建设富有特色,基础设施日益完善。

(二)双核协同阶段

镇海新城作为"中提升"战略中重点开发建设的十大功能区块之一,自2001年启动以来,已完成投资近80亿元,新建道路40多千米,相继开工建设的教育、科研、公共设施和房地产项目40多个,新城建设已经初具规模。同时镇海老城加速有机更新,目前进入双核协同新阶段。

1.镇海新城范围

镇海新城包括南区(庄市片)和北区(骆驼片),总用地面积46平方千

米,规划人口40万人。其中:

(1)城北区:东起东外环路,西至329国道,南沿洪镇铁路,北接绕城高速。总用地面积26.5平方公里,规划人口25万人。

(2)城南区:东起东外环路,西至世纪大道,南沿甬江,北靠洪镇铁路。总用地面积19.5平方公里,规划人口15万人。

镇海新城紧靠宁波城市核心区,规划面积为46平方千米,主要由南片的大学城区和北片的产业城区组成。至今,该区域已完成征地1606万平方米,拆迁房屋33万平方米,新建在建商品房安置房280万平方米,新建公路50千米,新增绿化56万平方米,引进了50多个项目,完成各类投资90多亿元。目前,新城南片大学城区已初具规模,随着宁波大学北校区、宁波工程学院、省纺校、中科院宁波材料所、宁波市大学科技园创意产业基地等先后在这里落户,镇海新城南片作为宁波市高教科研基地的地位得到进一步确立。

2.镇海新城的发展定位

镇海新城将打造成为宁波中心城北部商贸商务中心,以行政办公、商贸物流、教育科技、现代居住等为主的综合性新城区,承担宁波中心城区部分城市职能。

宁波地处我国经济发达的长江三角洲,经济社会发展战略目标是成为长江三角洲南翼经济中心和现代化国际港口城市。宁波中心城市东面临海,有国内第二大港口北仑港;西邻四明山;北面是宁绍平原,连接余慈地区、杭嘉湖地区和上海;南面有奉化、宁海、象山三个县(区),是连接浙南地区和浙中地区的重要通道。镇海位于宁波中心城市东北面,是中心城市连接余慈地区、杭嘉湖地区和上海的重要接点,尤其是杭州湾跨海大桥建成通车后,更是宁波中心城市连接长江三角洲的重要接点。同时又是连接舟山,通向海洋经济的"桥头堡"。

镇海新城地处宁波市区的北部,作为宁波中心城三江片规划的重要组成部分,规划中拥有轻轨、城市快速路和高速公路,交通枢纽地位明显,是宁波市北部人口、物资的重要集散地。区域内拥有多家高等院校和科研机构,是宁波大都市的科教核心区块。区域内产业集聚优势明显。该区域以高教科研区和都市产业区为依托,以提高人居环境为主线,构建可持续发展的都市经济,重塑镇海城市核心竞争力,打造生态人文新城区,力争成为宁波中心城北部中心。

3. 新城区与老城区空间的协同

镇海老城区的定位为长三角滨海旅游休闲小城、浙东生产性港口物流中心商务服务区,以旅游休闲业为支柱产业,辅之以商业和教育业。

要发挥老城的辐射带动作用,突出老城历史文化和江海景观特色,加快旧城改造,提升居住和商贸商务功能,打造以滨海古城为特色的品质城区。进一步提升老城商贸商业服务功能,打通甬江北岸滨江生活轴,加快招宝山和蛟川融合发展。积极利用交通主干道和轨道交通,加强与新城组团和宁波中心城区的功能连接。

(三)城市功能提升

整体形成"三带四组团"的空间布局,"三带"指以城市发展带、滨海产业带和生态涵养带为空间形态,"四组团"分别是骆驼—庄市组团、招宝山—蛟川组团、九龙湖—澥浦组团、临港产业组团。

按照区块功能化要求,区内四大组团式发展的功能片区中要形成九大特色功能强、产出效益高、整体形象好,相互对接的产城融合型功能区块。

1. 镇海新城北部科研和商业居住功能区块,即骆驼街道和镇海新城北部区域

结合新材料商务研发区建设,建设行政中心、商务办公和总部经济基地,改造提升骆驼古镇风貌,打造具有科研和总部经济特色的镇海新城北部中心。加强和新城南部、机电园区以及新材料科技城的融合发展,在基础设施上共建共享,在人居功能上合理布局,在产业服务上有效对接,建设串联行政区、新材料城商务研发区和机电园区的产业服务区,并延伸至滨海产业带,构成产业服务发展轴。

2. 镇海新城南部文创高教和商业居住功能区块,即庄市街道和镇海新城南部区域

充分发挥融入宁波中心城区和接轨宁波东部新城的"桥头堡"作用,发挥高教园区和创意产业园区的引擎作用,加快绿核建设,整体推进庄市老街拆迁改造,创新推动庄市工业园"退二进三"进程,调整庄市街道内部空间结构,努力形成新材料城、庄市绿心、宁波高新区串联的科技创新轴,打造具有文创高教特色的镇海新城南部中心。

3. 机电园区都市型工业新城功能区块,即机电工业园区域

加快"低产田"改造,积极推进存量企业优化发展,以"优二进三"加快整体功能转变,加快与新城的融合发展,积极发展生产性服务业,打造以都市

型工业为主的创新型产业功能区。

4.镇海老城文化休闲和商业居住功能区块,即招宝山街道

镇海老城大体上延续了传统的城市格局,空间结构特色鲜明,形成了以甬江轴线、城河轴线、古塘轴线、南街轴线为一体的"三横一纵"的城市开放空间结构。逐渐形成三大板块的城市功能分区,即以沿江景观带为载体的海丝文化板块,以南大街历史轴线及周边区域为载体的"城市精神＋社区文化"板块,以古塘景观带及招宝山为载体的海防文化板块。

5.蛟川先进制造业和商业居住功能区块,即蛟川街道的中南部区域

这是镇海区推进产城融合发展的难点和重点所在,要加快发展城市服务功能,建设连通南北的便利交通干道,努力形成蛟川街道"南居北工中提升"的功能格局。蛟川南部区域要加快推进镇海发电厂、金甬腈纶厂搬迁,积极谋划沿江区域开发建设,承接中北部区域转移出来的居住功能,建设产城融合、城乡融合的临江新城;中部区域要加快小村庄的拆迁,加快淘汰落后产能和促进产业转型升级,推进开发区B区园区转城区工作,打造产城融合的都市工业区。

6.后海塘港口物流功能区块

加大环境整治和建设力度,谋划原有企业搬迁和空间整理,加快将金属园区用地置换为物流用地,积极申报设立专业化特殊监管区或综合保税区分区,打造"三位一体"港航物流服务中心的核心功能区,建设贸易港、物流港、智慧港"三港合一"的大宗商品物流枢纽港。

7.九龙湖生态旅游度假功能区块

加快九龙湖城镇化建设,加大景区开发建设力度,提升旅游度假、休闲娱乐和会议中心等功能形象,加快推进恒大山水城等项目建设,打造著名旅游度假基地和大都市区后花园。突出沿山大河景观轴线地位,形成联系九龙湖和十七房的生态休闲景观廊道。加快九龙大道交通沿线的生态环境整治,对接新城组团,打通与宁波中心城区的通道。加快紧固件集聚区生态治理,建成集中酸洗中心,加速转型升级。

8.澥浦产、住、游一体化功能区块

加大工业区整合集聚提升力度,推进产业空间置换,建设澥浦工业集聚区和民营创业基地。推进以澥浦大河沿岸为核心区域的城镇化建设,形成化工区配套的居住和服务功能。拓展郑氏十七房文化旅游区功能,完善与九龙湖、老城配套的旅游线路。加强与石化区联动发展,建立健全沟通协调机制,大力建设环化工区的三条生态隔离带(生态景观带、工业隔离带和路

网隔离带），全面提升群众的满意度。

9.临港工业集聚区，即宁波石化经济技术开发区和周边布局的工业园区和产业过渡带

严格控制空间发展界限，加快现有项目的环保和安全改造，力争环保和安全水平尽早达到国际先进水平。推进产业转型升级，加快与周边的居住等服务区块相融合，努力建设成为国内一流、国际领先的石化新材料产业基地。

二、镇海城区空间结构的现状和问题

镇海老城区一直都是镇海的政治、经济中心，主要包括沿江城区和滨海产业带。工业集中于石化产业和装备制造业，产业集中度较高。较为完善的石化产业链和港口一直是镇海的重要优势之一。然而，庄市—骆驼组团区块高校密集的优势没有得到充分发挥，各区之间产业发展缺乏联动，经济发展也不均衡。主要存在以下问题：

（一）各区产业缺乏联动

镇海各区的产业发展较为单一，传统优势产业为石化产业和装备制造业，集中在镇海老城和滨海产业带。各区之间产业和经济发展不均衡，尤其是产业发展缺乏协同，关联度不高，未能形成明显优势，产业带动作用不强。这种碎片化的经济发展格局严重制约了镇海经济的发展。

（二）优势未能充分发挥

宁波大学、中科院宁波材料所等多所高校和科研机构分布在庄市。然而，由于历史发展的原因，镇海的高科技产业发展缓慢，未能充分发挥智力资源密集的优势，导致高校与科研院所对镇海经济的带动作用明显不足。

（三）生态环境问题日益突出

石化产业和制造业的发展使得镇海环境问题日益突出，加之浙能镇海发电公司等能源消耗型企业分布在城区中心，环保压力加大。煤尘和有机废气污染日趋严重，制造业的电镀、酸洗等重点行业三废排放量较大，氨氮、二氧化硫、氮氧化物等污染居高不下，给镇海的生态环境带来较大影响。

（四）工业布局有待优化

由于历史的原因，镇海工业布局缺乏统一规划。一是工业区和居住区交错分布，缺乏协调；二是产业发展分布不够集中，尚未形成产业的集成式发展；三是传统产业急需转型升级；四是新兴产业和高新技术产业发展缓慢。因此，需要借助于产业的转型升级和统筹规划加以优化。

第二节 加强协同，推动双核驱动

明确新城、老城功能定位，通过功能互补、统筹联动，发挥双核引领作用，带动全域城市化进程。

一、老城区

（一）加快产业升级

进一步优化石化产业布局，推进石化产业链完善和价值链提升，择优引进带动力强的高端项目，实施石化产品区内循环产业链的延伸和提升项目，加强生态环保和安全保障设施建设，打造循环、安全、高端的石化产业集群示范区。

全面实施工业园区整合提升措施，重点培育发展新材料、生物医药、节能环保和新一代信息技术等战略性新兴产业，提升发展海洋工程装备、石化装备、紧固件和纺织服装等特色优势产业，推动都市工业逐步向集约化、生态化和高端化发展。

以中转贸易和市场培育为核心，高起点、高标准构筑贸易港、物流港和智慧港三大服务体系，加快物流枢纽港建设，增强海铁联运、海公联运、水水联运等功能，提升发展各类专业市场，

坚持把改革红利、内需潜力、创新动力、开放活力集聚起来，注重发展质量和效益，强化创新理念，发展创新型经济，保持经济持续健康发展，努力打造经济转型升级版。一是提升存量，加快转型。抓好工业强区建设，深入实施"四换三名工程"，鼓励企业广泛运用高新技术、先进适用技术和信息化融合技术改造提升传统优势产业。推进工业化与信息化深度融合，全面开展国家智慧城区创建，充分发挥装备制造业产业协作联盟的作用，加快推进企业上市工作，深入实施质量强区建设。二是优化增量，促进转型。大力发展城市经济，依托镇海新城、宁波市大学科技园等集聚平台，推进城市综合体、商务楼宇、商业特色街建设，重点发展文化创意、金融服务、休闲旅游、现代商贸商务等服务经济，促进城市经济增量提质。培育发展新材料、信息技术、节能环保、高端制造业、生物工程等战略新兴产业，大力发展科技服务业、中介服务业、社区服务业，积极推进旅游业发展。三是做强平台，支撑转型。提升发展宁波石化经济技术开发区，努力建设产业体系完整、生态环境优美、管理服务完善的国家级石化新材料产业基地和循环经济示范区。做

大做强物流枢纽港,深化贸易港、物流港和智慧港建设,与石化区、宁波港等单位合作搭好平台,做大做强石化产品保税与国际中转业务,积极推进城市物流功能区建设。提高宁波市大学科技园集聚功能,打造宁波市文化创意产业综合示范区。四是创新驱动助推转型。引导创新要素向企业集聚,重点培育一批行业内具有一定影响力的工程技术中心,深入实施品牌、专利、标准、设计四大战略,着力推进产品创新、品牌创新,提高企业科技创新能力。依托清华校友创业创新基地、西安电子科技大学宁波信息技术研究院等创新平台,促进高新技术成果转化和企业孵化。推进人才强区建设,做精"镇海人才金港"工作品牌,积极引进一批高端化、国际化、团队化的创业创新人才。

(二)完善基础设施

一是加快重大能源基础设施建设。加快推进动力中心建设,完成推进变电设施、热电联产以及燃气设施建设。

二是加快重大交通基础设施建设。加快推进新城区域路网建设,逐步完善镇海各个组团之间和产业园区之间高效、便捷的交通连接。加强农村地区道路的建设,构建便捷、通畅、快速的城乡接轨的交通路网体系。积极推动轨道2号线二期以及轨道3号线的建设,加强公共交通建设,着力打造城区内慢行交通系统。

三是完善社会事业重大基础设施网络。重点推进一批教育设施扩建、新建工程,合理规划布局一批医疗设施。推进镇海文化艺术中心、中国金融数字文化城建设,建成覆盖城乡的公共文化服务网络设施。建成2~3家民办博物馆,建成全区非物质文化遗产展示厅,开展历史文化抢救和保护工作。健全公共体育设施网络,打造城市社区"十分钟体育生活圈"。

四是完善市政和环保重大基础设施网络。对接宁波市大工业供水管网,逐步建设区域工业供水环网系统。完善排水基础设施,加快推进城镇生活污水再生利用设施建设,全面推进农村截污工程和污水生态化处理设施建设。推进垃圾分类与资源化利用,建成覆盖城乡的生活垃圾收运处理体系。

(三)加快生态文明建设

严格限定化工产业布局范围,现有化工企业和三类工业企业加快向园区集中或者转产、关停。积极推进澥浦、滨海、甬舟三条"呼吸通道"的建设,加快沿石化区建设一、二类工业产业过渡区和生态隔离区两道防线,总体形成石化区—产业过渡区—生态隔离区—城市居民区的空间布局。

深入实施"碧水绿岸行动""美丽乡村行动""宜居城区行动",加快推进防护林带建设,加强九龙湖区域生态环境保护与建设,加快建设宁波植物园及城市中央生态公园等公共绿地、生态廊道,打造以生态林带为核心,以主干道路林带、生态廊道为延伸线,以城市园林和生态绿地系统为网点的生态绿网,形成覆盖全区、系统稳定、功能完善的生态屏障体系。

加大环境执法监管力度,落实最严格的污染排放标准、最严格的环保考核问责制度;完善污染物总量控制政策,深化排污权有偿使用制度。深入推进清洁空气行动、节能减排行动和水环境整治,着力解决大气污染、水环境污染等突出问题。

(四)提高公共服务水平

基本等同城市社区标准配套建设村庄的公共设施,逐步实现公交、供排水、供气、环卫、通信网络等公共基础设施全面融入中心城区。优化教育、医疗、体育、文化等公共设施布局,加快推进城市基本公共服务向农村覆盖,加快形成全域一体、布局合理、和谐共生的基本公共服务体系。提升各类人群参保水平,逐步缩小城乡之间、群体之间的待遇差距,逐步建立统一的全覆盖的城乡社会保障体系。

大力发展现代商贸业,发展生活消费品市场和商业特色街,培育区域生活性物流配送中心,做大汽车销售行业。稳步推进房地产业,大力发展社区生活服务业,优化教育、文化、医疗、卫生等服务功能布局,持续提高民生品质。

二、新城区

(一)注重整体规划与协调

优化城区产业空间和服务功能布局,主动对接宁波市城市总体规划、宁波市新材料科技城前期规划等,认真做好镇海分区规划修编工作,加快城市化和城镇化发展步伐,促进县域发展模式向城市经济发展模式的转变,不断提升城区形象。

一是全面推进区域组团融合发展。推进镇海空间发展提升优化工作,严守生态红线,科学布局生产空间、生活空间、生态空间,重点促进滨海区域环境优化,完善滨海产业带产业提升规划、生态改造提升规划,最终形成海洋一二、三类工业—城市生态带—城市功能区的发展格局。加大招宝山城区改造提升力度,努力将招宝山城区建设成文化名城、物流基地、幸福城区、魅力景区。加快蛟川片区发展,重点推进蛟川北区开发建设,提升区域整体形象。加快推进新城核心区重点项目建设,建成一批主题功能区、特色街区和城市综合体,做好配套基础设施及景观美化提升工作,全面展现核心区整体形象。加快庄市城区发展,推进重点项目开发建设,加快打造城市经济示范区。加快九龙湖生态化休闲旅游型城镇开发,统筹澥浦区域发展。

二是深化幸福美丽新家园建设。有序推动农村人口向城镇集聚,促进农村向城市转型。加大对零星自然村、空心村的整体改造撤并力度,推进村级集体经济发展和深化改革三年行动计划,继续推进"三村一线"建设,深化"美丽庭院"和"温馨家园·秀美村庄"创建工作,实施"四边三化"环境专项整治,加快推进农村生活污水整治,全面提升农村人居环境。

三是完善城乡基础设施建设。加快现代化综合交通网络建设,加快货运铁路北环线、北外环快速路、院士桥、轨道 2 号线、镇海大道等项目建设,做好优化公交体系、完善供水网络、延伸纳污管网、扩大供气范围、建设环卫设施、提升信息网功能等工作,实现公交、供水、排水、供气、环卫等公共基础设施全面融入中心城区,全面实现全域一体化。

四是不断提升城市管理水平。抓好城市管理机制创新,按照"大城管"要求,加快推动城市管理向城区组团其他片区拓展,建立全域城市管理同步提升机制,提升精细化、人性化管理水平。

（二）创新体制机制

加快新城区建设,关键是把握规划、资金、项目、机制等四个方面。但无论是规划、资金还是项目,最后落脚点都是体制机制。因而,加快新城区建设,需要创新领导体制和管理机制。创新领导体制,必须成立新区建设专门机构,负责总揽新区建设全局,统筹协调和统一组织、指挥新区建设各项工作。整合政府相关职能部门和宁波市相关单位力量,搭建平台,加强互动沟通交流合作,增强政府宏观调控能力和投融资能力。统筹规划,统一协调,责任到人。这样,实现体制机制创新后,县委、县政府将会从纷繁复杂的新区建设各项具体事务中解放出来。

一是实施项目一事一议制度。高端产业项目、产业人才的引进,通常会面临很多地区的竞争性哄抢,镇海在注重发挥区位优势、产业优势的基础上,更加注重招才引智、招商引资中求贤若渴的诚意,建立并完善一事一议、特事特议制度,对重大平台、重点项目、重点人才的引进扶持敢于打破常规,极大地提高了项目和人才的引进效能。

二是建立领导联系制度。镇海成立创新平台服务领导小组,由区委、区政府主要负责人挂帅主抓,对六大创新平台都排出具体的工作步骤和时序进度,严格按照一个创新平台、一名联系领导、一个责任单位、一名挂职干部、一套服务班子的"五个一"要求,全面落实建设责任。

三是建立多方共建机制。在平台建设过程中,重大事项需要领导协调和部署,具体工作需要职能部门来承接落实,土地、场地等事项更需各镇(街道)、园区配合支持。为此,镇海区委、区政府认真研究、统筹谋划,建立起创新平台多方共建机制,使各责任主体互相支持、通力合作,努力形成强大的工作合力。

(三)发展战略性新兴产业

战略性新兴产业的选择要兼顾三次产业和经济社会的协调发展,要在最有基础、条件最优的领域率先突破。当前战略性新兴产业选择的科学依据有三个:一是产品要有稳定并有发展前景的市场需求;二是有良好的经济技术效益;三是能带动一批产业的兴起。结合镇海的区位条件、产业基础和发展趋势,镇海区选择石化新材料、现代物流业和创新创意产业作为镇海战略性新兴产业,并加以重点培育。

1.石化新材料产业

以镇海炼化为龙头的石化产业,一直是镇海的支柱性产业。

一是强化选商引资。做强"油头"才能精炼"化尾",在宁波化工区入驻企业的选择中,以产品链为导向进行选商,根据项目关联度做好规划布局,实现资源的最佳配置。进一步完善、整合、提升基础化工产业,做精、做细、做实石化新材料产业,做好石化产业的对接、配套、延伸工作,坚持产业链对接不动摇。

二是推进项目合作。以高强中模碳纤维生产基地共建为契机,进一步加强同包括中科院宁波材料所在内的国内科研院所的合作,推进产、学、研三方联动机制的落实,努力把镇海区建设成为在国内独具特色、在国际上有一定影响力的碳纤维生产基地,打造具有镇海特色的石化新材料产品供应体系。

三是落实低碳环保。以产业集聚为抓手,对接产品链,推进园区内工业废物的循环利用。积极宣传低碳环保的和谐生产理念,加大对化工企业污染物排放的监管力度,形成低消耗、低排放、高效率的集约型经济增长方式。同时,要高度重视化工企业与附近居民的关系问题,竭力避免因化工生产导致的群体性事件在镇海区发生。

2.现代物流业

现代物流业是以现代运输业为重点,以信息技术为支撑,以现代制造业和商业为基础，集系统化、信息化、仓储现代化为一体的综合性产业。当前全球物流业正处于由传统物流向现代物流转型的跨越式发展阶段，对优化产业结构、增强企业发展后劲、提高经济运行质量将起到巨大的促进作用。镇海区具有得天独厚的发展现代物流业优势：优越的港口区位条件，发达的水路交通体系，扎实的工业产业基础，活跃的专业交易市场，宁波—舟山港一体化的有序推进……这些先天优势和后天的不断努力，成就了镇海区"中国物流重镇"的地位。

一是培育引进高资质物流企业。化工业是镇海区的优势产业，因此依托化工产业的强势崛起，培育、引进一批配置一流物流装备，掌握一流管理经验，具备一流产业素养的龙头化工物流企业入驻镇海区，既是镇海化工业健康成长的当务之急，也是镇海区现代物流业做大、做强、做精的机遇所在。

二是用物联网和服务外包理念改造现代物流业。物联网的大规模应用被公认为是现代物流业的产业革命，也是镇海区物流业实现跨越式赶超的契机。通过政府合理引导，大力推动物联网在镇海区的应用，充分发挥信息技术对海、铁、路交通网络的协调管理功能，实现物流信息全程传递。要突破传统的物流发展模式，不断延伸物流链，在培育港口物流供应链的各类物流市场主体中，重点引进、培育社会化第三方、第四方物流企业，以及承接基于 IT 技术的物流外包业务的新型企业，以提供运输、仓储、配送、物流加工、信息技术、供应链优化等现代综合物流的多元化服务。

三是加大物流信息平台建设。整合来自船公司、货代、货主等的港方信息和车皮到站、货物分解等的铁路信息，加上区内各服务业信息，建立三方共享的信息管理和操作平台，在为港、铁、区三方共用基础上，向公众开放，强化服务信息平台化管理，推进以现代综合交通体系为主的运输平台和以网络技术为主的信息平台的融合发展，实现供需双方无障碍对接，提升镇海区现代物流业发展后劲。

3.创新创意产业

融合了信息、设计、咨询、研发、动漫等内容的创新创意产业，具有资源消耗低、环境污染少、创新能力强、人才集聚度高的特点，大力发展创新创意产业既是产业转型升级的助推器，也是打造创新型城区的内在要求。目前区内已拥有中科院宁波材料所、宁波市大学科技园等科研机构和高等教育园区，区内院所与企业进行广泛的合作，为企业提高消化吸收再创新能力提供了坚实的技术支撑。

一是大力培育产业特色。首先要明确一个理念，即镇海区的创新创意产业是实体经济在服务业的有效延伸,是为实体经济服务的。因此,重点培育诸如工业设计、建筑设计等能为区内重点产业提供配套服务的特色行业,就成为创新创意产业发展的机遇所在。

二是积极发展中介组织。通过实施科技创新计划,搭建信息服务平台,建设创新服务体系,培育完善包括技术交易平台、知识产权事务中心在内的技术产权交易服务体系,积极发展信息咨询服务机构,为企业打造无障碍的技术、管理、信息交流渠道。

三是加强产学研合作联动。产学研合作联动既是提升创新能力的重要手段,也是建立健全产业化模式的有效途径。在发展产业时,不仅要鼓励区内企业主动和上海、杭州等周边城市的科研院所实施对接,还应引导相关企业积极与北京、广州等城市的相关机构实施项目联动,甚至可以引入国际化视角,把眼光落到日本、美国等发达国家上,与他们开展国际合作。

四是引入风险投资机制。区内创新创意企业多为新生中小企业,普遍缺乏资金、管理和销售经验,这就为风险投资的进入提供了广阔的市场。风险投资不仅能为企业带来急需的资金,更会运用自身的经验、知识、信息和人脉帮助企业提高管理水平、开拓市场和提供专业增值服务。因此,风险投资机制的引入和完善可以部分弥补由于金融机构、中介组织缺位造成的服务真空,对创新创意产业的健康发展产生积极深远影响。

(四)推进生态建设

牢固树立保护生态环境就是保护生产力、改善生态环境就是发展生产力的理念,继续加大环保投入和生态建设力度,加大区域环境污染整治力度,切实解决群众关切的问题,建设天蓝地绿水清人和的美丽新镇海。

一是抓好重点区域环境整治。综合施策,多管齐下,深化后海塘煤尘污染整治工作,力争抑尘率达到90%左右。全面推进清洁空气行动,从源头上减少烟尘和有害气体的排放。强化化工等重点行业整治,推进宁波石化经济技术开发区、后海塘区域生态整治三年行动。

二是抓好落后产能淘汰提升。在全面完成精细化工三年整治提升计划的基础上,抓好新一轮重污染高耗能行业整治提升三年行动计划,强化重点行业整治,淘汰重污染、高耗能企业,抓好企业关键设备自动化改造。大力推进有机废气整治,推进异味企业关停转产或搬迁,做好企业废气专项整治和化学品储罐分类提升改造工作。加快金属园区转型升级,积极发展贸易型再生金属企业,引进符合物流枢纽港产业规划的企业落户。

三是抓好碧水绿岸行动。巩固省森林城市创建成果，继续实施生态林带提升工程，做好湿地公园、水系绿化等重点工程建设。全力抓好"五水共治"，重点按照《关于全面深化水环境综合治理全力建设宜业宜居美丽新镇海的决定》的要求，围绕治污水、排涝水、防洪水、保饮水、抓节水等五大工程，加快推进50个具体项目建设，加大财政投入，消灭区域内垃圾河，有效减少污染物排放，努力改善臭河、黑河水质。

四是加强环境执法监管。严把项目准入关，继续实行"5＋2""白＋黑"执法模式，加强全方位监测监控，严厉打击环境违法行为。推进智慧环保建设，开展新一轮排污许可证核定和排污权有偿使用。完善环境应急处置体系，推广环污险试点工作。加强公众监督，扩大公众参与度。

三、新城区与老城区的协同发展

（一）注重开发建设和产业经济的相融发展

一个城市要实现可持续发展与繁荣，产业支撑是基础和根本，城市建设过程中应坚持产业支撑、互助互促，高效实施城市经营开发，着力实现城市建设与产业发展的双轮驱动。庄市街道在推进全域城市化建设过程中，要注重改造提升优势传统产业，大力发展新兴产业，促进产城融合发展，实现城市建设从过去的造城模式向兴市模式的转变。要积极谋划一批符合国家、省、市产业发展战略的新材料、海洋经济等项目，争取上级支持。要抓住庄市街道被列为新材料科技城核心区的机遇，积极做好沟通对接和跟踪服务工作，推动中科院宁波材料所初创产业园建设，促进科研成果转移转化，着力打造宁波新材料科技城的核心引擎。要充分利用辖区及其周边高校科研院所林立的优势，当好"红娘"，为企业和科研院所合作牵线搭桥，让企业通过"借脑"等形式提高自身的核心竞争力。要引导本地一批有一定实力的企业积极培育工业总部，全面发展配套产业，推动工业企业内部设计、物流、销售环节与生产环节的剥离，逐渐使庄市成为高新技术企业总部和研发总部的重要聚集地。要加强与区经信局、大学科技园管委会的合作，推进中国金融数字文化城和位于金色广场的清华校友创业创新基地建设，推进大学科技园文化创意产业园和街道文化创意产业园的选商选资工作，引进文化创意产业企业，调轻调优产业结构。要积极排摸挖掘闲置厂房，加大招商引资力度，大力发展汽车销售产业，力争引进中高端汽车4S店，并推动现有汽车品牌的提档升级。

（二）注重硬件建设和公共服务的协调发展

城市的发展不仅要考虑各城市功能区的空间形态和产业布局，还要加快各类市政公用设施和功能性设施建设，不断完善城市功能。一方面，要根据城市规划和建设时序，合理布局和实施道路、电力等基础设施建设；另一方面，要重视公共服务设施网络的构建和完善，提供与城市建设进程相适应的教育、医疗、文化、购物、娱乐等公共服务产品。在新一轮城市开发建设过程中，要尽快完成三官堂大桥（院士桥）建设，拉近庄市街道与东部新城的距离，促进甬江南北两岸协调发展。要加大征地拆迁力度，力争早日打通芳辰路、清泉路、兴海路等"断头路"，使得区域路网更加通畅。要加快建设一批优质中小学，促进优势教育资源进一步向庄市流动，进一步增强教育的吸附力。要加快汉塘路公交首末站建设，调整优化公交线路，方便居民出行。要加快 110 千伏清泉变电所建设，为城市建设发展提供用电保障。

（三）注重新区开发和老镇改造的协同发展

一个城市的建设和发展是一个漫长的过程，随着新区块的开发建设，老集镇、城中村的配套、环境等问题就会日益突出，最终成为影响城市整体形象和群众生活环境的顽症，这就需要镇海在推进新城建设的同时，统筹考虑好老集镇和城中村等原有区块的提升改造工作。

（四）注重项目建设和后续管理的并重发展

长期以来，由于城市的快速扩张，城市建设一直处于主导地位，城市管理基本上处于依附或从属的次要地位，近年来随着经济社会的快速发展和城区面积的持续扩大，城市管理的重要性逐步凸显，但在城市建设中先建后管、重建轻管的局面仍然存在，对建设项目功能的正常发挥、城市秩序的正常维持、城市发展的可持续都带来了严重影响。因此，在推进城市建设过程中，一方面要在实施项目建设的同时，及早考虑建成设施的后续管理问题，对一些管理设施要做到同步设计、同步建设、同步投用，要在项目规划设计开始，就邀请后续管护单位提前介入，为项目效益的正常发挥提供基础保障。

（五）注重要素保障和民生保障的突破发展

城市建设离不开土地、资金等要素资源，更离不开广大居民的支持。在当前国家宏观政策形势下，土地、资金、征地拆迁等要素制约越来越突出，需要积极探索创新资源利用机制，努力突破发展瓶颈制约。

一是在破解土地资源难题上求突破。要积极向上争取指标和加强闲置土地清理,同时对城市规划区内的工业企业,规模较小的,可以提高货币补偿标准,鼓励其自寻安置厂房;规模较大的,可以给予政策支持,通过鼓励其利用原有厂区部分场地建设总部商务楼,而将生产工厂迁往外地等方式,提高城市土地的利用效率。

二是在破解城建资金难题上求突破。在当前国家进一步严格监管,在原有的政府融资平台和融资渠道亟待规范的情况下,应按照政府引导、社会参与、市场运作的原则,加快建立多元化城市建设投融资体制,积极鼓励引导各类资本进入城市基础设施建设领域。对于政府性投资项目,要通过代建、施工带资等方式减轻资金支付压力,要通过小城镇建设、农房改造等渠道积极争取上级资金支持和银行低息贷款资金。

三是在破解征地拆迁难题上求突破。对城中村改造、征地拆迁等重点工作,加强制度研究和工作创新,探索建立新的拆迁安置模式,合理分配改造地块收益,充分调动镇(街道)、村和企业参与改造的积极性。

第三节 加强与新材料科技城的协调发展

新材料科技城的建设目标是打造具有国际影响力的新材料创新中心、长三角地区创新经济高地、宁波城市转型发展的排头兵;成为引领宁波、浙东乃至长三角产业高端发展的创新服务核心、汇聚全球精英人群的人才高地、国际一流水平的生态宜居新城;建设具有影响力的国际"新"创中心、科技领"秀"之都;以创新为主线提升宁波科技创新能力,延伸产业链条,促进宁波传统制造全面转型升级,推进宁波城市国际化建设,建设宁波创新驱动先行区。

新材料科技城南至通途路,北至宁波绕城高速,东至宁波东外环线,西至世纪大道(东昌路),总面积 58.3 平方千米。

宁波正处于转型发展的关键时期,一方面是曾经的开放优势、民营经济优势等在不断弱化,发展面临的要素制约日趋突出,继续走传统的粗放式发展之路已经难以为继。如何破解"成长的烦恼"?如何培育新的竞争优势?近年来,宁波作出不少成功的探索,而建设科技城,是宁波去年作出的又一个重大决策。科技城作为兼具产业创新功能和城市形态属性的综合体,其建设无疑是推动资源主导型经济向创新主导型经济转变的一条新路。

科技城是推进新型工业化和新型城市化的最佳结合点,也是发展创新经济和城市经济的有效载体,对于集聚创新资源、培育创新成果、强化城市极核、带动区域发展,都具有重要意义。以科技与创新发展为主线,培育和提升科技创新、科技服务、宜居生活三大主体功能。打造宁波乃至全区域的创新引擎,引领区域及宁波经济转型,塑造具有国际影响力的新材料创新中心;打造宁波科技中心,引领宁波城市转型,塑造城市级专业型的科技综合服务中心;打造品质城区,引领宁波生活转型,塑造具有创新空间特质的示范性品质城区。

新材料科技城是宁波创新驱动发展的重大工程,是宁波转变经济发展方式的重大举措,是宁波加快新一轮发展的重要动力。科技城将坚持自主创新、特色引领、资源整合、辐射带动的原则,全力建设"四区一中心"。

(1)国际一流、国内领先的新材料创新中心。连接全球新材料高端创新资源,推进人才、技术、资金、信息等要素高效对接,促进科技、金融和产业融合,培育具有自主知识产权的新材料重大创新成果,建设新材料研发成果中试孵化基地和产业化基地。

(2)创新驱动先行区。加强新材料领域重大技术创新,推进装备升级和信息技术应用,为产业升级提供强大的技术支撑、先进模式和制度创新,成为宁波市实施创新驱动发展战略的先行区。

(3)新兴产业引领区。搭建高水平科技创新平台及创业孵化载体,引领全市新材料产业创新发展,辐射带动各产业功能区发展,成为全市产业转型升级的核心引领区。

(4)高端人才集聚区。对接民营资本和产业优势,汇聚全球高端创新创业人才,完善引进高端人才的创新创业政策、创新人才流动及转移机制,努力打造"人才管理改革试验区"。

(5)生态智慧新城区。加快培育城市服务功能,加强生态文明建设,优化宜居宜业发展环境,进一步推进智慧城市建设,打造成为现代化、国际化的高端科技产业新城区。

按照"四区一中心"的定位,到2020年,宁波新材料科技城将实现技工贸总收入2800亿元,培育营业收入超过1亿元的企业300家,营业收入超过10亿元的骨干企业逾20家,本地上市企业40家,高新技术企业150家,国家级科研机构超过15家,市级及以上企业工程(技术)中心100家。

从远期来看,宁波市将用20年左右的时间,将新材料科技城建成具有国际影响力的新材料高端资源集聚区,国际一流、国内领先的新材料创新中心,生态美丽、宜居宜业的智慧新城区。

一、新材料科技城的发展对镇海发展带来的机遇

(一)优化区域空间布局

在空间布局上，新材料科技城将形成"核心区＋延伸区＋联动区"的区域协同发展格局。其中，核心区由宁波国家高新区、宁波高教园区北集聚区、镇海新城北区三个区块组成，规划总用地面积约 55 平方千米，以高端研发、人才集聚、创业孵化等为主要功能进行开发。延伸区是与核心区紧密联系的产业化功能区，以江北高新技术产业园区、鄞州经济开发区、象山滨海区块为重点，加快推进产业园、加速器等建设，引导处于快速成长期的企业实现产业化。联动区是与核心区有效联动的新材料产业集聚区，以北仑滨海区块、鄞州创业创新基地、宁波石化经济技术开发区、浙江省"千人计划"余姚产业园区、慈溪新兴产业集群区块、奉化滨海区块为重点，主动接受核心区辐射，推进优势新材料产业集群发展。

显然，作为新材料科技城核心区的重要组成部分，镇海新城北区面临着重要机遇。以新材料产业为重点的高端研发、人才集聚、创业孵化等主要功能的开发，将极大地推进镇海新城的产业结构和空间优化，镇海新城将迎来新一轮的开发与建设。

(二)推进产业转型升级

新材料产业是宁波重点培育的战略性新兴产业，2014 年宁波市新材料工业产值已接近 1000 亿元，居全国七大新材料产业国家高新技术产业基地之首，并且集聚了一批高端科研机构，培育了一批在细分领域拥有全球影响力的行业龙头企业，掌握了一批核心技术和自主知识产权。

新材料科技城的建设，将有利于镇海新城加快集聚创新资源，有利于培育壮大战略性新兴产业、打造经济发展新引擎，有利于推进产城融合发展、加快新型城镇化进程。同时，镇海新城北区新材料产业的发展，必将辐射镇海新城南区和老城区，推进产业的转型升级。

(三)提升区域创新能力

鼓励国内外新材料领域的知名高校院所、重点实验室等在新材料科技城设立研发机构，支持跨国公司、央企、大型民企等建立研发中心，充分发挥各类高校院所的支撑引领作用，积极构建新材料创新链。加大对新材料领域前沿性、关键性和共性技术研究的支持力度。加快推进创业苗圃、孵化器、中试基地、产业园等载体的建设。完善产学研用合作机制，创新科技成

果转化机制,促进创新链、技术链和产业链的融合。加快建设新材料产业关键共性技术研发、科技信息、技术转移等公共技术服务平台。积极实施知识产权发展战略,加大专利保护力度。

新材料科技城将深入实施"千人计划""3315计划",积极推进人才管理改革试验区建设。加大对创业项目的支持力度,支持企业对人才实施股权激励,实施高端人才个人所得税补贴政策。完善柔性引进人才和高端人才短期工作机制,鼓励其以专利、技术、管理、资金等入股的方式与新材料科技城企业和研发机构进行合作。加大对人才工作的投入力度,完善引进人才的生活配套设施建设。建立、完善企业与大学院所联合培养人才的机制。创新高端人才的人事编制管理,建立高层次创业创新人才动态管理机制。

基于此,新材料科技城的建设将极大地提升镇海区的人才集聚能力和科技创新能力,为镇海区产业的转型升级奠定坚实的基础。

(四)推动生态环境建设

推进全区重点区域和重点企业自动监控全覆盖,加大对污染物排放执法监查和处罚力度。完善污染项目退出机制,对工艺落后、设备陈旧、治理无望的企业和落后产能坚决关停并转,加大对不达标企业的淘汰力度。推进块状经济、工业小区向现代产业集群转型升级,通过园区整合、"低产田"改造,逐步淘汰落后产能。构筑不同层次的循环经济产业链,加快各类园区的生态化改造,积极做好循环经济示范园区、示范工程和示范企业建设。围绕石化、能源等重大产业和核心资源,大力引进补链企业,完善产业链、产品链和废物链,积极构建生态型临港工业产业链。

二、镇海适应新材料科技城发展的举措

为适应新材料科技城的发展,镇海对行政区划进行了调整,将原骆驼街道分设,成立骆驼、贵驷两个街道。镇海在更高起点上实行的优化基层行政构架,促进资源合理配置,统筹区域协调发展,具有重大现实意义。

镇海应该充分利用宁波新材料科技城建设的发展机遇,强化与新材料科技城的协同,重点注重以下几个方面的协同。

(一)产业协同

充分利用新材料科技城的辐射带动作用,对接新材料科技产业,并推动镇海城区企业转型升级。

1.资源要素在各区间无障碍流转和对接,实现产业共赢发展

以新材料科技城建设为契机,镇海与高新区的产业对接与协同有了重

要的基础。各区以促进区域快速发展为总体目标,树立共同发展、相互促进的理念,在壮大自身经济的同时,更多地关注区域总体竞争力的提高。镇海应主动与宁波高新区、江北区等各区展开密切合作。只有各方抛开狭隘的行政区观念,才能实现协同发展,共同推动新材料科技城的建设。

2.优势互补,避免产业同质化,实现产业错位发展

从区域比较优势、竞争优势和区域内产业分工的联系看,高新区拥有教育、科研等方面的优势和高新技术产业优势,属知识技术型地区;北高教园区为高校和研究机构的聚集地,优势在于科技研发和人才培养;镇海在临港产业方面,尤其是石化产业方面占有一定优势,属资源型地区。三区应通过合理的区域分工与协作,形成区域内不同地区间垂直分工和水平分工有机结合的产业结构,实现产业链在区域内的扩张和延伸,逐步形成良好的产业发展生态。

3.促进产业布局合理化分工,实现产业特色发展

要提升镇海区的产业竞争力,必须大力发展产业集群,促进产业向适宜地区集中。在现有产业布局基础上积极引导,形成若干具有鲜明发展特色和竞争力的产业集群,并探索多种集群发展模式。鼓励具有上下游关系或具有服务与被服务关系的企业集中布局,在较小的地理范围内建立企业之间紧密的经济联系,降低企业的交易成本,在合理分工、促进规模扩张的过程中提高企业群体的竞争效率和应对市场的反应能力。

4.培育技术创新体系,实现产业创新发展

制定促进企业技术进步的产业技术政策,建立并健全企业技术创新机制,鼓励运用高新技术和先进适用技术改造和提升传统产业;引导企业与科研机构、大专院校大力开展产学研用结合,实现优势互补;支持有条件的企业,利用网络技术,实现从产品设计、开发、制造到市场营销全过程的计算机化,使企业的生产方式、技术水平和管理水平上台阶,增强市场竞争力和应变能力。

(二)机制协同

建设新材料科技城,积极推进协同创新,通过体制机制创新和政策项目引导,鼓励高校同科研机构、企业开展深度合作,建立协同创新的战略联盟。

1.树立协同创新理念

镇海区要突出创新在产业发展中的重要位置,依托优势产业,与高新区和江北区展开深度合作,建立开放、集成、高效的协同创新共同体,主动融入

宁波新材料科技城建设。

2. 构建协同创新的合作机制

首先,建立协同创新的合作机制。根据宁波新材料科技城建设的总体规划,镇海区应明确自身定位,并与高新区、江北区建立合作机制,明确目标任务、各方责任与义务,制定考核指标。协同创新的合作机制主要依靠参与各方协商和订立协议解决,宁波市层面也应积极为各方提供相应的保障服务和政策支持。

3. 优化协同创新实现形式

首先,构建科学有效的组织管理体系,包括设立专门的协同创新管理机构等,使各区协同创新工作有一个正式的、专业的管理组织模式。其次,要完善协同创新的选择机制。具体表现在:①合作对象的选择上,坚持共同目标原则、优势互补原则和优良信誉原则等。②合作模式的选择上,参考以往成功的案例或根据项目和合作对象的不同采取所需要的合作模式。③合作组织结构的选择上,根据合作性质、各方力量对比及合作模式来确定合作组织结构,采用协议、合同方式组建规范化的合作组织,以形成自愿合作、目标统一、优势互补、共赢发展的协同创新体系。

(三)人才协同

一方面,借力新材料科技城的人才优势,发展高新技术产业;另一方面,提升自身的人才培养和集聚能力,实现与新材料科技城人才的双向流动。

政府在协同培养创新型科技人才的过程中发挥着重要的引导作用。为了满足新材料科技城建设,应该建立以政府为主导的各区联动人才培养和引进机制。

1. 政府提供资金和政策支持

首先,政府要通过制定政策营造大环境,为创新型科技人才提供服务。镇海区及高新区和江北区政府更要转变理念,深化对人才开发的认识,尤其要上升到区域高度来深化对创新型科技人才管理的认识。其次,政府要完善风险投资政策并设立三地间的风险投资基金,降低人才流动风险。

2. 以政府为主导,协调中介组织各方关系

新材料科技城协同培养创新型科技人才的中介组织主要包括科研院所、科技创业基地、科技行业协会,联动创新的利益自然也涉及这些组织。要建立政府投资为引导的投资体系,组织院所、基地、协会社会集资、引进外资,配合三地的企业投入与银行贷款,面向新材料科技城的建设培养创新型

科技人才的中介组织。另外，要建立中介组织的沟通机制，通常来说，培养创新型科技人才的最初场所是高校，最终目的是使人才融入企业、单位从事科技工作，创造价值。

（四）政策协同

要建设新材料科技城，带动镇海、高新区和江北的协同发展，首先要实现体制、机制的协同创新。以协同性的简政放权，各司其职，联袂而动。

制度协同创新，一方面要协同治理，推动产业结构的优化和调整；另一方面还要平衡各区之间的产业特色和经济差距，实现产业转型升级和各区之间产业发展的协同。因此，镇海区围绕新材料科技城建设，发展战略新兴产业，是新材料科技城相关联的各区能否实现协同创新、增加新动力的关键。需要在比较劣势的领域发掘国际竞争新优势，把"走出去"与"引进来"更好地结合起来。过去多是引资本、引人才、引技术，下一步的"引进来"更应重视引制度，对比国际高水平的创新环境和创新制度，打造新材料科技城协同发展的突破口。制度协同，还需要各区的商流、物流、资金流和信息流互联互通、畅通无阻。

第六章 优化生态空间结构,建设美丽新镇海

生态空间是自然要素存在的基础,一般是由多种自然要素形成的综合空间,具备生态服务功能。《全国主体功能区规划》将我国国土空间划分为城市空间、农业空间、生态空间和其他空间。其中,生态空间主要是自然要素,包括天然草地、林地、湿地、水库水面、河流水面、湖泊水面、荒草地、沙地、盐碱地、高原荒漠等。此划分体系在全国或者省域层面来说具有合理性,但对于单个城市或城市的特定区域,生态空间包含的要素则有差异。城市是人类生产和生活的聚居地,其生态空间不仅包括自然原生的,还包含人工建造的。

城市生态空间结构的构建以维持生态系统结构与功能的完整性和生态过程的稳定性为目的,强调对重要生态空间要素的保护,注重充分利用区域生态环境本底的优势,整合各类生态环境要素的服务功能,发挥其空间集聚、协同和链接作用,促进生态保护和经济发展的协调与融合。城市生态空间结构具有区域性、系统性和针对性等特征,它的构建必须发挥人类的主动性。同时,城市生态空间结构的构建必须与城市总体规划确定的空间结构相协调,需要城市总体规划对城市生态空间结构的土地利用进行合理规划和控制,而生态空间结构也可成为城市总体规划空间框架的一部分,用以引导整个城市空间的合理、有序发展。

城市生态空间结构优化通过对区域内各组成要素之间的组织方式与组织秩序的调整,实现对城市生态空间的整体框架的把握。它对城市生态功能发挥与宜居城市的建设起到关键作用。

第一节　镇海区生态空间现状及问题

在当前的城市总体规划中,对城市自然地理环境的研究,主要侧重于对当地土壤、水分、大气、地表植被等自然因子的分析,研究其对城市空间结构布局的限制和引导作用。本节以研究区域所处地域生态空间结构的重要组成因素为分析重点,如地形地貌、气候、河湖水系、湿地、森林等自然要素,风景名胜区、自然保护区及广阔的都市生态发展区等人工建造的生态要素。同时本节还分析了城市生态空间结构与城市空间形态演变的关系,从而得出了镇海区的生态空间结构特征和目前存在的主要问题。

一、镇海区生态空间现状及特征

(一)生态用地基本情况

1.生态用地概述

生态用地是城市区域内以提供生态系统服务功能为主的用地空间,即能够直接或间接改良区域生态环境,改善区域人地关系(如维护生物多样性、保护和改善环境质量、减缓干旱和洪涝灾害和调节气候等多种生态功能)的用地类型所构成的空间。区域生态空间既包括林地、草地、水域、湿地和其他自然存在的土地,也包括城镇建成区内的绿地、林地、园地、水域、城市缓冲用地和休养与休闲用地,如风景旅游地、公共绿地、人文古迹、历史名胜等,还包括农业生产空间,如耕地、人工草地、改良草地、其他农用地。

生态空间在生态用地范畴上是为构建合理的城市区域(城市密集区)生态框架需要进行规划控制的用地空间,以生态空间引导城市密集区空间发展,既能保持城市密集区的集聚效益,又能有效保护城市生态环境,保护城市非建设用地。以生态保护和生态控制为主,是禁建区和限建区设立的重要前提,主要包括江河湖泊、山体、风景区、自然保护区、农田、林地等。形态上从城市的郊区由宽到窄渗入城市内部,结构上组织城市密集区空间,控制区域发展连绵蔓延;功能上具有生物生产、自然与文化遗产保护、水土涵养、维持碳氧平衡、保护生物多样性、提供生态旅游与休憩场所、美化区域与城市景观、隔离和减少有害环境因素等功能。

2.镇海区生态用地近十年(2005—2014年)变化情况

镇海区生态用地以河流湖泊、农田、森林公园为主。按用地性质分为耕地、园地、林地、水域等。据宁波市国土资源局镇海分局的 2005 年至 2014 年土地利用变更资料可知,2005—2014 年镇海区耕地、园地、林地、水域、未利用土地面积均呈减少趋势,减幅最大的是耕地,达 21.23%,共减少 1662.11公顷;林地减幅为 15.11%,减少 594.92 公顷;增幅最大的是园地,达一倍多,但因其基数小,实际增加量仅为 247.59 公顷;建设用地中,增量最大的是交通水利及其他用地,增加 2047.25 公顷。2005—2014 年大量农业用地转换为建设用地,建设用地净增 3110.66 公顷。

3.生态用地分布特征

镇海区生态用地主要分布在西北部的低山丘陵区域和种植园林面积较大的中部地区,市中心区域的偏自然的生态用地面积较小,生态面积较大的区域大多是大型林场所在地。镇海区局部生态用地的比例不协调,特别是在市区范围,公园绿地不足,生态湿地少,生态效益差。其生态用地分布特征如下:

(1)生态林地主要分布在西北部低山陵地区和部分林场,东南部分布相对较少,即主要集中于九龙湖镇、澥浦镇。

(2)水域面积及湿地面积大,镇海处宁绍水网东端,干流甬江由西南流向东北入海,横贯境内中部。境内地表水系发达,大小河流数百条,河网密布。水域主要有九龙湖、郎家坪水库、小洞岙水库和三圣殿水库等,另外还有北部的部分滩涂及养殖鱼塘。

(3)耕地斑块较多,分布零散,主要分布在庄市街道和九龙湖镇,基本农田分布集中。随着经济的发展,耕地将提供更多的生态价值。园地面积较小,与农田镶嵌分布。

(4)2015 年年末,镇海区正在建设中的宁波植物园及已建成的综合公园共 5 个,专类公园 1 个,社区公园 13 个,带状公园 20 个,休闲绿地 48 个,拥有公园绿地面积 20.3 公顷。

(二)镇海区生态空间现状

1.自然空间以斑块为主

自然空间集中在城区外围,不能满足城市生态需求。2015 年年末,全区城市绿地面积 2830.67 公顷,绿地率达 44.8%;公园绿地面积 305.88 公顷,人均公园绿地面积为 12.73 平方米;城市绿化覆盖率达 47.2%。以上数据表明镇海区具有一定数量的自然空间,但林地、自然保护区主要分布在人类活动较少的外围地带,而人类活动频繁的建成区其绿化空间就显得较少了。

绿色空间布局模式为半网络状与楔状结合。镇海的绿色空间是绿点、绿线形成的半网络状绿网与楔状绿地相结合的分布模式,生态效益较低。镇海区内有若干公园,如海天公园、中心公园、宁波帮文化公园、蛟山公园、寿昌公园、未名园、专用绿地、广场绿地等点状绿色空间,城市绿线主要是沿交通道路的行道树绿化,绿楔则主要是海天、镇骆、雄镇、清风和绕城5条"四横一纵"的生态防护林带。但这种空间结构没能发挥绿色空间的最大生态效益。

2016年仍在建设中的宁波植物园,其定位是镇海未来的城市"绿肺"。根据规划,建成后,这一"绿肺"的总面积达322公顷,以平原植物的收集、保存和江南水乡为特色,集科学研究、科普观光、艺术展示于一体,计划引进、培育植物4000种。整个工程分为三个功能区块:西部是以运动、健身为主题的城市休闲公园;中部是以科普、观光为主题的核心区;东部是以园艺生产基地与交易为主题的园艺植物产业区。2015年年底,已完成科普观光区和花卉园艺区植物种植48.2公顷。

2.廊道要素的生态链不畅

廊道以交通道路为主,生态功能弱。镇海区的廊道主要由道路、航道等交通功能的线状和带状构成,这些廊道在促进物资、资金的流通方面发挥了巨大的作用,但也在一定程度上削弱了生态流的流动,再加上生态廊道的缺乏,镇海廊道的总体生态功能较低。镇海对内、对外交通道路上也有大量的沿街行道树等绿线,它们只有部分相连,并没有形成畅通的生态网络。而且这些绿线的宽度有限,不能产生积极的生态效应。

蓝色廊道脱离自然本色。蓝色廊道即城市中的水网体系,镇海区水网主要由中大河、镇北大河、西大河、万工塘河等构成。这些水域都受到不同程度的污染,并且在城市建设中蛮横地人工割断这些水域之间的联系,或者破坏人与自然亲近的途径,如将一些沟渠由明渠转暗渠,似乎是一种治理环境简而易行的方式,但这种方法将自然掩埋,呈现的是混凝土般的灰色。并且一些河渠川用水泥衬底、驳岸,截弯取直,将水的生态格局破坏,影响了良好环境效应的形成。

(三)镇海区生态空间特征

1.山、水、岛、城一体的生态空间结构

镇海区地处大陆海岸线中段,长江三角洲南翼,西北是平原低丘,中部是丘陵平原,东南部是丘陵岛屿地,自然风貌极为独特,山林植被丰富多样。

境内东南部的丘陵岛屿,称穿山半岛。其山体系天台山余脉延伸,半岛南北两侧棋布大榭、梅山等岛屿 20 余个。环海山间多峡谷平原,系洪积和海积形成,构成了独特而优美的自然山水环境,总体呈现山、水、岛、城一体的城市生态空间结构。

2. 多样化的生态空间要素类型

镇海区生态底质优良,自然生态资源丰富,具有水系发达、河流密布、山体众多的鲜明特点。在城市建设集中的主城区范围内也保存了部分的天然水域和自然山体等生态资源。区域内大量的河湖水系、湿地、森林以及广阔的农业生态空间等构成了都市发展区良好的生态本底,生态空间要素类型呈现出多样性。生态用地按使用功能分为以下四类。

(1)风景名胜区。镇海区现有国家级风景名胜区一处,即招宝山旅游风景区。

(2)森林公园及生态防护带。以森林和自然山水为依托,镇海已规划省级湿地、森林公园两处,如九龙湖省级湿地公园、瑞岩寺森林公园。建成具有森林游憩、度假休闲、观光游览、健身娱乐、科普教育等不同功能的生态旅游场所。镇海在城市"三大组团"之间启动建设单条宽度在 200 米以上的海天、镇骆、雄镇、清风和绕城 5 条"四横一纵"的生态防护林带,2015 年年底建成,总面积达 906 公顷。

(3)都市农业发展区。镇海区都市农业发展区五大核心农业项目为横溪村、植物园、花卉世界、蛟川生态园、长石葡萄基地,目前已基本形成全区休闲农业项目的核心体系。

(4)历史文物保护单位、历史风貌保护区与文化遗址。镇海辖区内,已公布的各级文物保护单位(点)有 75 处,其中,全国重点文物保护单位 2 处(9 个点)、省级文物保护单位 2 处、区级文物保护单位 21 处(28 个点)、区级文物保护点 50 处。在市域范围内结合文物古迹、风景名胜区的保护,建设风景旅游区和古文化遗址保护区。

二、镇海区生态空间结构的主要问题

(一)生态空间发展过程中各类问题显现

1. 森林资源分布不均,市区公园绿地少,人均指标低

镇海具有建设良好生态环境所需的水分和热量条件,也建成了许多优良的园林景观,但区内众多的人口、稀缺的城市建设用地条件,限制了城市园林绿化的建设。目前镇海城市森林主要分布于风景区、公园、主干道,而

在人口密集的老城区,及新城区的住宅区及商贸中心附近,缺少广场、草坪、公园、花坛等公共绿地。2014 年镇海城区绿地绝大部分位于城区边缘,其中九龙湖、澥浦的生态绿地面积占全区生态绿地总面积的 65.81%,在以老城区为主的招宝山街道的城区绿地率仅为 3.73%,生产防护绿地严重不足,未形成全面合理的绿地系统,不能满足生态需求。城郊接合部也缺乏供休憩、旅游等的绿地、森林公园及防护林带。特别是随着城市的扩展,镇海区外围区域的林地、绿地被大量占用。2005—2014 年,耕地、林地及其他农用地的面积减少了 2009 公顷,城区的绿地规划只注重围绕城内做文章,市内绿化、公园绿化往往成为刻意追求的对象,而城郊、干道和河道绿化则被忽视。

2. 生态廊道阻隔,生物多样性不断减少

镇海区内沿山大河、中大河、澥浦大河、西大河等多条河流是城市良好的景观带,也是城市用水的源泉,但这些水系均受到不同程度的污染,并且在城市建设中,人工构筑物割断了这些水域之间的联系,破坏了人与自然亲近的途径。简单地通过工程措施截弯取直,对城市小水系采取填埋和转变成城市暗渠的消灭处理手段,破坏了水的生态性,无法形成良好的城市水环境效应。由于城市高速发展,人口与经济活动不可避免地加大了对自然生态环境的干扰频率。由于城市规模扩张,用于隔离城市建设片区的主要生态走廊被不断蚕食。同时由于城市人为商贸活动、农业机械化和化学工业的发展,加剧了外来物种的入侵替代,生物多样性不断降低,维持自然生态系统关系的稳定面临巨大压力。

3. 主城区高密度问题突出,城市热岛效应明显

镇海属于亚热带季风气候区,随着工业的发展,城市气候效应非常显著。进入 21 世纪以来,城市的热岛增温效应加剧了城市的酷热程度。一方面,主城区的高密度建设,强化了城市下垫面蓄热程度;另一方面,城市连绵蔓延,使城市热岛范围逐渐扩大。如何缓解城市发展所带来的热岛效应,提高居民生活质量,改善人居环境,已成为全民关注的重点生态环境问题。城市热岛效应的解决,需要以建设生态城市为目标,合理规划布局,控制市区的建筑人口密度,提高园林绿地率和扩大公共绿地面积,构建合理的城市生态空间结构,采取有效措施降低和缓解城市集中带来的不利环境影响。

4. 生态系统保全面临巨大挑战

镇海主城区内的生态用地缺少连贯性和系统性。城区缺少生态横轴,生态斑块处于孤立状态,不利于生物的生存,因为生物的生存、繁衍和进化离不开基因的交流,如果生物群落间距离大于它们重建群落的距离,则会因

缺少必要的基因交往而影响群落的稳定和发展。镇海都市区的生态系统未完全形成有机的整体生态空间,对镇海区域生态安全构成了威胁,不利于生物的生存。同时,由于城市缺乏"肺泡"系统功能,致使城市碳氧平衡失调。

(二)生态环境与城市发展矛盾凸显

1.城市建设扩张,生态用地被挤压:城市低密度蔓延对生态环境的侵蚀

由于发展初期城市开发建设的步伐过快,缺乏对城市生态空间结构的宏观调控,对森林、植被、山体造成破坏是不可避免的,对城市内部自然生态系统施加了大量的人为干扰,致使自然环境破碎,自然景观只能呈点状散布于城市内部空间之中,而且相互关联性差,缺少与外围生态环境的有效沟通,根本无法实现各种生态流的封闭循环和自我维持。可以说,目前镇海区城市生态空间要素和功能滞留于城市内部空间地域范围内是城市生态危机生成的根源。2005—2014年,镇海区空间扩展一直呈加速增长态势。2005年镇海区域建设用地面积为8800.11公顷,2014年年底已增长到11910.77公顷,10年间镇海区域范围内共新增建设用地3110.66公顷,平均每年增长311.07公顷。镇海城市空间的快速扩展是与经济的快速发展和城市化进程相适应的。镇海区建设目前整体呈现"三化"特征,即建设用地碎片化、生态空间分隔化、城市开发分散化。其中生态空间分隔化主要体现在:①城内和城外景观生态过程和格局缺乏连续性,特别是在城乡接合部,缺乏对自然景观生态过程和格局应有的尊重;②城内与城外生态绿化未形成很好的连通性,大大影响了能量的流通和物种的迁移;③人工景观的一些做法破坏了生态过程,造成了环境的污染,如河道的硬质护砌、裁弯取直、高坝蓄水等;④乡土化的自然生境在城市建设中被破坏,人类以及许多动植物重要的生存环境面临消失的危险。

2.城市经济效益与生态效益的矛盾:传统工业发展模式对生态环境的破坏

镇海一批传统的临港重工业,以自然资源的大量消耗、生态环境的日益破坏为代价换取经济的高速发展。长期以来,镇海工业发展对重工业严重依赖,加上生态保护意识淡薄,政府管理监控不力,造成对城市生态环境的严重破坏。高能耗、高污染、高排放等粗放式的工业生产活动带来的显著后果是水体水质下降,污染严重。江河湖泊等自然水体是工业排污的接纳主体,污水处理率仅为25%左右,且处理水平低。目前镇海环境形势依然严峻,主要表现为水体、空气污染,镇海内江河水体整体质量较差,江河水质均

在Ⅱ类以下。根据《2015年宁波市环境状况公报》,镇海区地表水水质优良率和功能达标率较低,劣Ⅴ类水体还占一定比例,部分平原河网污染较重,环境空气中部分污染物仍存在超标现象,近岸海域水质中无机氮、活性磷酸盐浓度较高,典型区域土壤环境质量较差。

区域内空气污染主要表现为二氧化硫、氮氧化物和降尘污染。以我国相对要求较低的大气环境质量标准来衡量,2015年主城区可吸入颗粒物年平均值超过《环境空气质量标准》国家二级标准。主城区空气污染源主要是工业废气和烟尘排放。

3.保护与公平的矛盾:生态环境保护与农民利益之间的冲突

由于国家产业政策的支持,镇海临港工业区投资开发规模日益扩大,出现了竞相降低标准、盲目优惠、攀比数量的状况。虽然产业集聚有利于带动地方经济的发展,但从长期来看,低标准和过度优惠造成了大量圈地的经济泡沫、资源低效益利用以及生态环境的破坏。如由于工业发展对土地的需求,一些居民点及风景名胜区的用地受到挤压,严重损害了该地区及周边环境的生态品质。如果为了保护处于生态脆弱区和生态敏感区的生态环境,而限制该地区的开发建设和产业活动的引入,则势必会影响该地区的经济发展,当地居民的发展权和利益无法得到有效保障。

4.条块分割的生态空间管制体系

土地使用政策的确立还牵涉国土、环保、农业、水利等各部门,生态用地管理权属政出多门,权责不清,这使镇海的空间管制体制较为复杂,不利于区域的生态保护。城市规划往往偏重物质空间的安排和技术性内容,对影响城市发展的战略性生态空间结构管制力度不够,对城市经济社会发展的综合调控能力不足。规划实施的保障政策较为欠缺,相配套的发展模式、行政体制、决策机制和管理政策的改革措施推进力度不够,这些都影响了规划实施的成效。特别是目前镇海缺少一个宏观层次的生态空间管制框架,城市开发呈现整体无序和局部有序的现象。

近几年,镇海区出台了《关于加强山林生态保护的实施意见》《宁波市镇海区河网水系规划(2004—2020年)》等一系列地方性法规,为保护城市生态环境提供了制度保障。但这些条例、办法大多是单项法规,只对某一类生态用地具有保护作用,没有从城市生态环境的整体角度去考虑和制定,故对城市生态空间的管制无法起到切实有效的作用。

第二节　优化生态空间结构,构建生态安全屏障

生态安全屏障的构建主要通过区域生态系统保护与生态空间建设来实现。一方面,区域生态系统为本区域或更大尺度范围内提供生态服务保障,如提供涵养水源、调节气候、净化空气等生态服务;另一方面,改善区域生态环境质量,防止生态灾害或灾难的发生,以确保区域经济可持续发展。

一、构建生态安全屏障的理念和内涵

(一)构建理念

构建城市生态空间安全屏障是在正确认识人与自然关系的基础上,对城市空间生态和谐的未来趋势进行判断,并提出保持该趋向发展的空间建设措施和对策。根据研究并结合镇海区现有规划,优化生态空间结构,构建镇海生态安全屏障总体目标是:整合区内现有的生态资源,以镇海区独有的自然、文化风貌为前提,构筑一个结构合理、布置均衡,以自然保护区和森林公园为支柱,以环、带、楔、廊为骨架的多功能、立体化的都市区生态空间结构。具体体现在以下两个方面。

1.有效保护镇海区的自然生态本底

在最近十几年临港工业的发展和城市化进程的合力作用下,镇海区的人工建设环境向区域腹地发展,不断蚕食、包围和分割原有的自然生态本底,造成了自然景观结构的退化,集中体现在景观异质性降低、自然生态景观压缩与破碎化。我国城市建设普遍重视建成区内的绿地系统建设,因而易于保证小型自然斑块的存在。根据美国哈佛大学设计研究生院 Forman 教授的景观优化格局来判断城市生态空间结构是否理想,应特别注重以下两点:①应保证生态园区的存在。生态园区是生态空间集中分布的区域,可以是具有景观异质性的多个斑块的集合,也可以是独立的大斑块。其不仅是区域中重要的生态基础库,还是各种生态服务功能得以实现的基本保证,如气候调节、集约化农业生产、游憩和避灾等功能。②应有效串联生态园区。利用生态廊道联系生态园区,为生物在城市建设空间的包围之中向外扩散、迁徙和觅食活动等提供低阻力通道,从而加强生物基因交流,降低物种灭绝的风险,减小人工建设环境对生态环境的影响。

2.提高城市生态空间的生态保障功能

为提高城市生态空间的生态保障功能,理想的城市生态空间结构应保证有大面积的生态用地集中区,从而为生态服务功能好的生态用地集聚提供条件,同时发挥生态园区的作用,保证城市基本的环境质量。

关于生态服务功能中受城市生态空间结构影响较大的因素,唐继刚将其归纳为 8 项,分别为大气调节、气候调节、干扰调节、水土保持、生物多样性维持、灾害避难、休闲娱乐和文化展示①。结合这 8 项内容,我们可以根据需要对城市生态空间结构进行弹性完善,让生态空间格局的构建有利于生态功能的实现,从而使城市生态空间结构尽可能满足生态安全屏障功能的需求。

(二)构建内涵

1.坚持自然属性

城市自然条件是构建城市生态空间的物质基础,应当秉持自然为本的原则依托城市自然地形、地貌(如山体、水体、森林和历史文化遗迹等)进行生态空间优化,在结构优化中注重保护和维持原始自然地形、历史文化遗迹、山体、水体以及大面积的森林植被的功能,再根据具体需要进行适度的开发,保持城市生态特色,呈现多样性。同时还应充分尊重城市原有的生态模式,避免破坏原有生态格局,造成生态资源环境问题,减少优化中的经济投入,这对城市的可持续发展具有重要意义。

2.整体优化

城市是区域山水基质上的一个斑块。城市对于区域自然山水格局,犹如果实对于树之生命的延续。因此,在城市扩展过程中,维护区域山水格局和大地机体的连续性和完整性,是维护城市生态的关键。城市生态空间的各个组成元素,都具有各自的空间特征,承担了不同侧重的生态功能,在城市系统中相互作用、相互影响,共同构成城市生态空间体系的整体。

综合地保护、利用区域生态背景,结合绿廊、绿楔等形式将城市绿地纳入大框架生态空间结构中,构成一个自然、多样、高效,有较强自我维持能力的动态生态空间体系。通过保护和营建一系列相互联系的生态绿地,从区域上联系郊区、城市和市中心的生态环境,让清新的空气、美丽丰富的动植物群落和自然宜人的景观等好的环境与整个城市融为一体。用系统化的结

---

① 唐继刚.城市绿地规划的理论基础与模式研究.北京:中国环境科学出版社,2008.

构指导生态绿地建设，从区域、城市进行整体的生态空间结构优化，使整个城市拥有一个各方面协调发展的良好生态环境。

3.多样性

多样性带来稳定性，多样性原则有两个方面含义：首先是元素的多样性，即廊道斑块形式多样，大小斑块相结合，宽窄廊道相结合，集中与分散相结合。其次是物种多样性。近年来，城市生态园林的兴起，将城市园林从传统的游憩、观赏功能发展到维持城市生态平衡、保护生物多样性和再现自然的高层次阶段。要素类型多样化及大生态空间格局的构建都为城市生物多样性的丰富与发展奠定了基础。在城市生态绿地规划中应尽可能设计多种园林类型，包括生产型植物群落、观赏型植物群落、保健型植物群落、文化环境型植物群落等。

4.协调共生

现有城市生态环境所暴露出的诸多问题都与规划开发时不尊重固有的生态模式有关。因此优化时要充分了解并尊重环境原有的生态模式，把外来力量的介入约束在环境容量之内。而除了自然本底外，还要考虑到人文本底的因素。

城市生态环境、生态资源和生态服务功能构成了城市持续发展的机会和风险，生态资源保护、生态保障功能强化是城市建设的一项重要内容，而城市生态功能区划又是合理利用和保护生态资源、强化生态服务功能必不可少的条件。对于新型城市规划建设而言，城市生态功能区划比较容易做到生态结构与生态功能相匹配，做到保护并合理利用城市自然生态结构，强化生态服务功能。而对于已形成或发展中的城市，由于城市原有的自然环境、生态结构已被破坏，实现城市生态结构与生态功能的相匹配就比较困难了。因此开展城市生态功能区划，必须从城市可持续动态发展、保护资源、长远利用角度出发，通过区划工作找出现实存在的城市生态结构与生态功能不相匹配的症结，然后逐步恢复调整，最终实现自然要素、人文要素与区域发展相协调。

二、城市生态安全屏障的功能属性及功能要求

（一）功能属性

城市生态空间的功能属性主要包括基本生态功能、城市生态保护功能和辅助功能三大类。

1. 基本生态功能

城市生态空间的基本生态功能在于保证都市区的生态安全,即维持生态系统的平衡和稳定,主要包括:①净化空气、水体、土壤,吸收 CO_2,释放 O_2,杀死细菌,阻滞尘土,降低噪声等;②调节空气温度和湿度,改变风速和风向;③通过加强水体交换,改善和增进水的循环,提高水体质量;④加强城市建设区与外围生态空间之间的空气交换,降低炎热、污染等对城区的不利影响,改善城市空气质量;⑤固定土壤,防止水土流失,降低暴雨的危害程度;⑥提供各种生物的生存空间,促进物质和能量循环。

2. 城市生态保护功能

都市区生态空间的城市生态保护功能是为了保护生态环境,提升城市生态环境质量。如镇海区生态空间的生态保护功能包括:①生态防护。对整个城市建设区域进行生态防护,确保城市建设区被良好的生态本底所包围和保护,是城市生态空间的基本功能。②生态隔离。对集中建设的工业区域进行分隔、分离,控制环境污染的影响范围,避免局部污染扩散。③灾害防灾。保证城市不受洪水、内涝、台风等自然灾害的侵袭,包括泄洪、滞洪、蓄洪等功能。

3. 辅助功能

生态空间的辅助功能体现的是对于生态空间结构的更高层次的功能使用要求。城市生态空间的主要辅助功能包括城市特色、城市游憩、产业发展。这也是生态空间结构优化和建设可能实现的附带效益,有利于提升城市品质、城市竞争力,改善城市形象,增进城市活力。①城市特色:城市生态空间结构中的生态开敞空间是最有利于塑造城市特色的空间区域,通过特色塑造可以提高城市美誉度和吸引力。②城市游憩:城市生态空间结构中的风景名胜区、郊野公园、城市公园等区域具有旅游、休闲、游赏等多样化的游憩功能。③产业发展:除了大农业生产以外,生态空间结构内可以发展旅游等无污染的绿色产业。

(二)功能要求

1. 满足控制城市发展形态与发展格局的功能要求

城市生态绿化控制带设置的最初目的是防止城市无序扩张,保障城市格局按一定的规划方向发展,这是许多大型城市规划与建设绿化控制带的直接原因。伦敦、巴黎、莫斯科以及亚洲的一些大城市的实践也证明了城市绿化控制带对城市的有序发展起着不可替代的积极作用,能保证城市形态与城市格局的形成。

2.满足森林城市建设与城市可持续发展的要求

建设森林城市是促进城市可持续发展的目标与途径。森林城市无论是在创建指导思想方面,还是在指标标准方面都提出了更高的要求,是比园林城市更高的一个层次,是建设生态城市的阶段性目标。从目前的有关研究和实践中可以看出,森林城市共同的特点是强调对自然环境的保护、保存、恢复、修复,强调城市绿地建设、提高城市绿量,以"绿"为骨架构筑城市形态,把自然引入城市,强调城市紧凑发展、均衡开发等。从建设森林城市目标出发,对城市生态空间结构的优化要突出生态整合功能,在满足日常游憩、卫生防护等基本要求的基础上,从城市空间和自然过程的整体性和连续性出发,尽量保护城市自然遗留地和自然植被,重视生态过程的恢复,将生物多样性和自然保护作为基本内容。

3.满足旅游休闲及绿色产业发展的要求

随着社会闲暇时间的大量增加,城市生态空间除了继续按照均匀分布原则,在城市内部空间中合理布局各类公园绿地、街头游园等来满足居民日常游憩需求以外,一个紧迫的任务是要通过城市生态空间结构的优化将城市近郊山林水系组织起来,通过建立风景区、郊野公园、森林公园、度假区等大型的生态绿色空间,满足城市居民回归自然的要求,特别是双休日郊野游憩的需要,同时在郊区建立绿色产业链。

4.满足城市形象与特色塑造的要求

体现城市特色是我国现阶段城市发展中一个急需解决的问题,城市赖以存在的地理环境,即山水形态、风土人情才是城市特色的基础源泉。因此,在通过对城市生态空间结构的优化来体现城市形象特色时,不能仅仅停留在绿化、美化层次之上,而要去深入发现、梳理和把握城市中那些显现的、不被人们重视的自然要素并加以展现,通过对山、水、田、园、林、村、城的综合协调,把各种自然元素有机结合到城市生态空间结构组织之中,这样才能创造出具有生命力的,且经得住时间考验的城市形象与特色。此外,保护城市历史文化遗产也就是保护城市形象特色,城市生态空间结构的优化与历史文化遗产保护、利用相结合,也是新时期城市生态空间结构优化的重要要求。

三、镇海区构建生态安全屏障的对策

结合镇海区的规划结构,用地呈组团式发展,规划总体布局以生态绿地作为连接各分区的纽带,以生态带为自然界限,分区之间建设大型绿化带和楔形绿带,形成中央绿色空间、东西南北串联、产业两侧布局的规划结构。优化城市生态空间结构,为城市提供生态安全保障,对落实推进森林城市的建设要求、推动区级经济又好又快地发展具有重要的现实意义。

1.完善"环—楔—廊"城市生态保障系统,构建具有地方特色的生态空间体系

通过对镇海区自然资源要素分布特征的分析,结合城市建设空间拓展的规律,从市域层面入手,重点在区域层面构建完善的"一轴一带、五楔多廊"的生态空间体系。"一轴"即景观生态轴,自西北山体,经生态带主要空间,向东南延伸至甬江,是镇海的主要生态林带、村庄及产业基地的承载空间。"一带"即以沿河流形成的绿色休闲带,包括东南面沿甬江的滨江休闲带及西北面依托沿山大河、薛家河、澥浦大河,形成围绕水资源的沿河休闲轴。"五楔"则是结合海天、镇骆、雄镇、清风和绕城五条道路分布,建成放射型生态绿楔生态防护林带。五条生态绿楔从都市发展区外围直接渗入主城,作为城市生态空间体系的核心组成部分,枝繁叶茂的树林不仅有效隔离了工业区、道路交通与居民生活区,形成一道道浓密的绿色屏障,而且发挥了重要的生态和景观功能。"多廊"则是在城镇建设组团间、各生态绿楔间,或利用自然水系沟渠,或结合山系,灵活布局城市带状公园,将"绿廊"作为各生态基质斑块的重要连接通道,推动镇海网络化生态格局的形成。

镇海区生态空间体系构建模式可概括为"环—楔—廊"网络化模式。这一模式是在"环城生态带模式""楔形生态带模式"的基础上,结合镇海特色优化而成的。

2.全面实施环境功能区划,实现区域视野下的一体化生态空间格局

根据现有规划,镇海区划分为旧城次分区、滨海产业次分区、镇海新城南区次分区、镇海新城北区次分区、机电工业园次分区、澥浦次分区及九龙湖风景区。

目前,镇海区生态环境的冲突主要为水环境污染、大气环境污染、土壤污染。2015年,镇海区废水污染物排放主要集中在石油、化工、有色三大行业,占全区废水污染物总量的73%,同时酸雨量占全年降雨总量的70%以上。主要污染物来源于区内有色金属冶炼、石油化工企业的废气排放等。土壤污染主要由重金属污染、空气污染和水污染间接导致。因此,必须逐步淘汰高污染、高能耗产业,转而发展高科技产业、环保产业。按照城市群生态功能区和区域环境容量的要求,重新整合优化现有产业发展格局,积极拓展生态产业发展空间,形成合理的地域产业分工和企业集群布局,实现产业

分工、布局与生态环境保护的一致性。

3.多层级量化控制生态用地总量,保障城市基本的生态安全格局

在城市化快速发展的进程中,各大城市普遍存在生态空间不断遭到侵蚀的现象,因此科学测算和控制生态用地总量,为生态空间的划定奠定基础就显得十分有必要。

针对镇海区生态要素因子相对复杂、区域规模较大等特征,根据镇海区社会经济与生态环境的特征和生态功能区划划分的基本原则,研究得出镇海区域生态用地总量应在市域总面积的55%~60%,这一结论为镇海区生态用地"四区"的划定提供了重要依据。

根据《宁波市镇海区土地利用总体规划(2006—2020年)》中的生态用地规划布局,将全区划分为四个功能分区。

(1)生态保护区:本区域东起长邱线,经西经堂,向西沿化工区外围规划道路延伸段至化子闸,南临江北,北至慈溪。该区域面积约40平方千米,人口约2.6万人。区内有九龙山、顶子帽山、万丈山、九龙湖和三圣殿水库等,山湖相间,人口密度较小,森林覆盖率较高,是镇海区的饮用水源地、森林资源地、生态旅游区和生态农业区。

(2)生态协调区:本区域东起镇海港区,西至镇海江北界线和长邱线,南起甬江,北至慈镇界线。该区域面积约140平方千米,人口约28.0万人,是镇海经济社会和人类活动的高度集中地,为生态区建设的主要区域。

(3)生态控制区:本区域东起威海路,沿化工区外围道路,经庙戴,沿329国道至龙山大堤,东北为围垦规划线。该区域面积约80平方千米,人口约3.0万人,区内有湿地鸟类红隼、黑嘴鸥、凤头鹈、银鸥等,是镇海工业经济的集中开发区,也是镇海经济社会发展的后备土地资源库。宁波市对该区域的定位是临港工业及石油化学工业区,以发展石油化工工业为主,区内有镇海炼油化工股份有限公司等大型省部属企业。

(4)海洋湿地功能区:本区域东起甬江口外游山,向西北沿围垦规划线至慈溪交界,为围垦规划线以东的海域。该区域面积约124平方千米,无人居住。区内有各种浮游动物、浮游植物、底栖生物和海洋鱼类,是海洋生物和湿地生物的栖息地。

4.构建城市群发展引导机制,使城乡建设转向建设更加适宜人们居住的生态环境友好型地区

城市的发展受各种因素影响,主要包括政策体制、规划导向、产业簇群、交通道路、社会历史文化、新经济环境、自然生态环境等多个方面。在镇海

空间结构优化过程中，要及时构建政策导向机制、规划引导机制、交通道路建设引导机制、产业簇群推动机制、自然生态环境约束机制等，城市群区域通过这些引导机制的作用，使城乡建设符合自然生态环境条件正向演变要求，逐步形成廊道组团网络化城市生态空间结构，形成更加适宜人们居住的生态环境友好型地区。

　　总之，构建与经济社会发展耦合的生态空间结构优化模式，是镇海生态空间结构演变的重要趋势，它有利于提高城市区域生态环境承载能力，推动城市群区域经济社会环境健康可持续发展。

第三节　强化生态环境治理，全面推进绿色发展

一、镇海区生态环境治理的困境

（一）经济发展与环境问题矛盾日益突出

　　随着临港工业的发展及临港产业聚集进程的加快，镇海区已经形成临港产业带，为推动区域经济发展做出重要贡献。但是，城区高度密集的工业造成空气、水、噪声和固体废弃物污染等问题，这不仅影响到城市居民的健康生活，还对他们的经济和工作产生巨大影响，不利于城市居民生活质量的提高。工业废水和生活污水的大量排放是水资源污染的重要源头，北区污水处理厂 2015 年服务范围内的污水量为 23.6 万吨/日，仍面临超负荷问题；石化区 500 吨/日污泥处置项目仍未实质性启动，污水处理厂污泥处置仍难以在本辖区内做到无害化处理；危险废物处置能力和方式仍旧不能满足企业需求和环保要求。镇海区大气污染物主要是二氧化硫、二氧化氮、颗粒物和降尘，污染物主要来源于工业生产过程中排放的废气，区域污染物排放总量仍然较大，细颗粒物（PM2.5）和二氧化氮两个因子尚未达到二类功能区要求，部分有机因子整治难度较高，异味现象仍未消除。

（二）生态治理制度不完善，生态建设的长效机制尚未形成

　　近几年，镇海区政府不断加大生态环保投入，区域生态环境持续改善，生态文明体系初步建立。但是，由于生态治理制度不完善，在城镇化建设过程中，缺乏保护环境的机制。对环境产生重大影响的建设项目，缺乏有效的监督机制；生态环境遭受人为破坏后，没有必要的补偿机制，导致生态得不到修复；合理的价格机制的缺失导致农民土地被征用后权益难以得到保障。

缺乏约束机制导致"城市病"加剧。一些职能部门简单地将城镇化理解为"造城运动",过分追求规模经济,城市规划建设缺乏必要的约束机制,导致各类园区一哄而起,大量农田被滥用,大量资源能源被消耗。环境法规体系不完善,环保部门执法不到位,环境监管机构种类杂乱,权责不分,对环境治理投入少等,都制约着镇海区城市生态环境治理的力度。

在国家现行的有关环境保护的法律法规基础上,镇海区针对企业污染物排放的市场准入标准,对企业、单位、个人违法排污行为的处罚的具体事项还未形成完善的地方性法规。环保责任相关制度、环保地方政府"一把手"负责制和多地环保部门联动执法机制还未有效建立。政府各部门之间对于改变以提高GDP为首要任务的传统发展思路和加强生态文明建设政绩考核尚未形成统一认识,对于积极调整产业结构,减少或消除高污染、高耗能企业更多的还是停留在口头上。对于支持绿色环保产业发展,鼓励和支持企业购买、使用环保设备还没有具体的政策支持。尚未形成人人参与、人人监督生态文明建设的浓厚氛围。

(三)政府主导,而其他治理主体参与不足

城市生态环境治理的主体包括政府、公民、企业、环境非政府组织等,即使政府在这个体系中充当的是一个主导地位的角色,其他治理主体的作用也是不容忽视的。但是由于受各种体制内和体制外因素的影响,公民、企业、环境非政府组织等民间治理主体在镇海区生态环境治理中的参与程度不高,作用不明显。

生态治理主体责任不明。城镇化建设是一项复杂的系统工程,需要政府、企业、公众等各方密切配合和共同参与,但目前存在治理主体责任不明等问题。生态治理需要政府部门的通力合作,但政府部门条块分割,很难发挥整体合力效能。就企业而言,企业是市场活动的主体,以追求利润最大化为目标,为增强竞争力千方百计降低成本,不愿过多投入资金进行生态治理。就公众而言,生态治理需要公众的积极参与,但由于缺乏必要的制度保障和参与途径,公众参与积极性和主动性不高,影响治理的广度和深度。

二、推进生态环境治理的重要意义

(一)有利于环境与经济协调发展

镇海临港工业带是资源依赖型地区,资源型和重工业化地区固有的生态破坏和环境污染问题比较突出,物资和能源消耗巨大,许多自然资源面临枯竭,三废排放量巨大,工业带的大气环境、水环境、固体废弃物污染和噪声污染问题也未得到妥善解决。丰富的自然资源和良好的环境是人类生存和发展的基础,资源的短缺和恶劣的环境,将严重阻碍社会经济发展,甚至危及整个人类的生存。所以,推进镇海区生态修复和环境治理,寻求区域环境与经济的协调可持续发展,已经成为镇海区全面推进绿色发展迫在眉睫的任务。

(二)有利于改善城区环境,提高城镇化质量

城区老工业区内的企业大多数能耗高、污染重,是所在城市和江河流域的主要污染源。老工业区的工业布局不合理,工业区中的企业布局过于集中,超出了区域环境承载能力,造成环境污染和生态的破坏,生态修复和环境治理不仅有利于推进节能减排和发展低碳经济,从根本上改善城市环境,而且有利于探索以城带乡、产城融合的新型城镇化道路。

三、生态环境治理的实现路径

做好镇海区环境治理工作,实现美丽新镇海的目标,不能简单地理解为对污染的治理,还应包括生态建设,进而积极寻求对策,协调环境与经济的关系。因此,强化生态环境治理,全面推进绿色发展可以通过生态环境整治、生态建设与结构调整、推进经济增长方式以及制度创新来实现。

(一)生态环境整治

在生态环境整治过程中,应采取有效措施治理水、大气、固体废弃物污染;要抓好对高耗能行业的节能管理工作,大力推进节能减排新技术、新产品应用,推动企业清洁生产技术改造,推进循环经济示范工程建设;加强绿地、公园建设,结合城市河湖水系和传统街区改造构筑特色生态景观,进行老工业区的生态修复;改善老城区的居住生活条件。

1.加强大气污染防治,全面提升镇海区空气质量

一要强化有机废气治理,这是镇海区大气污染治理的重中之重,要优化中小型化工企业的生产设备,推广新型生产工艺,减少源头排放。二要深度减排,推进燃煤污染防控,加强生产企业燃煤污染防治,督促企业采用先进的工艺和设备,积极实施高效除尘和脱硫、脱硝等环保措施。强化机动车尾气污染治理,进一步加强检测和监管能力建设,大力推广环保节能的新兴汽车,逐步完善机动车排气污染防治的政策和制度,建立规范科学的长效管理机制。三要强化扬尘综合治理。要加强建筑扬尘治理,各类建筑、道路、市政等工程施工现场应全封闭设置围挡,严禁敞开式作业,有效防止扬尘污染。四要加快能源结构调整,科学有序地发展风能、太阳能、生物能等新能

源和可再生能源;加大对天然气、液化石油气等清洁能源推广使用的政策支持力度。五要制定污染防治行动计划和方案,抓住源头,综合治理,对老工业区拟保留的企业,主要实施技术升级改造,优化燃烧系统和除尘系统,从源头上减少大气污染物排放总量,有效提高空气质量;进一步加大节能减排力度,把化解产能过剩、转变发展方式与治理大气污染紧密结合起来,坚决推进燃煤发电机组改造、燃煤锅炉污染治理等,大力实施风电、生物质利用等清洁能源替代,推进低碳循环发展工程建设。

合理有效地利用能源,推动低碳循环发展。一是大力推进产业结构调整。推进循环经济示范工程建设,提高资源利用效率,促进工业经济循环发展。充分挖掘现有城区的产业生态化潜力和综合承载能力,在临港工业区内大力鼓励发展低能耗、高增长、高附加值的先进制造业和高新技术产业,并逐步加大对石油化工、机械制造、电力、有色等行业落后产能的淘汰力度;对企业搬迁改造实行严格的能耗准入管理,严格限制高耗能外资项目,严格控制新开工高耗能项目。二是下大力气抓好高耗能行业的节能与管理工作。重点抓好石油化工、电力、建材、建筑等重点工业耗能企业的节能工作,扩大节能监管范围。

2. 推进水污染治理,实现碧水绿岸

加强生活污水和工业废水的处理;推进大中型灌区节水改造,推广管道输水、喷灌和微灌等高效节水灌溉技术。因地制宜开展水生态整治工程,加强水资源统一调度,形成科学合理的水资源配置格局,完善水生态保护格局,实现水资源可持续利用。建议开展水资源与水环境承载能力预测、生态用水配置及潜力分析研究,科学制定江河水量分配方案,有效修复生态脆弱的河流,基本构建起河畅、水清、岸绿、景美的水生态体系。

加强环境治理,真正实现经济、社会、环境的协调可持续发展。一是抓好水污染防治和污水回用。重点推进城区老工业区污水处理设施建设,要全面建成布局科学、合理的污水集中处理设施;严格控制工业污染源,积极推进水污染治理设施建设和重点工程建设,切实加强保护饮用水源,提高企业污水处理回用比例。二是综合利用完整的"回收—处理—再利用"体系,包括废弃物分类、收集和处理系统。加大企业技改力度,普及清洁生产,提高资源利用效率,降低区内污染物排放总量。

3. 做好临港工业区内工业用地生态整治

镇海工业区应因地制宜,加强绿地、公园建设,结合城市河湖水系和传统街区改造,构筑特色生态景观,对于土壤、水体污染严重的区域,采取工程

技术、生物修复等措施进行专项治理，防止污染扩散。修建生态隔离带，建设产业园区，大力推动土地用途调整和置换，对于部分老工业区周边受污染影响的居民进行生态移民，集中安置，改善目前紧张的民企关系。加大环境治理力度，对遗留的工业废弃用地，利用当前先进的土壤生态修复技术，在现有喷播技术的基础上，对已污染土地进行生态整治和修复。

4.改善居住生活条件，完善交通等基础设施建设

构建宜居的城市街道，形成尺度宜人的街道和社区组团。进一步完善社区服务设施，健全社区功能。配套建设教育、医疗等公共服务设施，根据不同的服务半径配置居住区中心、邻里中心和组团中心，确保公共设施的可达性。完善道路、公交系统等交通基础设施。充分利用老工业区各大厂区原有道路建设高密度的城市道路网络，与老城区道路网格进行有机无缝接合。考虑到区域振兴将带来人流与物流，应结合各工业区未来城市交通建设，完善区内公共交通系统，增加与周边区域的联系，缝合老工业区与城市周边地块多年以来的功能割裂，重拾城市"失落的空间"。

加强农村环境综合治理和农业设施用房改造，农村居民点通常是以散居形式面状分布的，其选择只是考虑自然环境的适居性，而很少顾及对自然生态环境所造成的影响，因此在生态敏感地带也有大量的居住人口，产生了很多发展与保护的矛盾。对农村居民点的整理和改造是区域生态环境优化的重要内容，其原则是：总体上，农村居民点应考虑整合发展，将分散的农村居民点加以集中，在环境容量大、交通条件好、市政设施易配套的适宜地段建立生态化新型农民社区；绝对保护地区内的农村居民点原则上应予以搬迁；农民社区应保持良好的乡村景观特色，而基础设施建设标准则应趋向城市标准。

（二）生态建设与结构调整

镇海区正处于与后期工业化相随而生的城市空间结构扩展和功能要求多元化的发展阶段，而一个城市的生态空间是否可形成一个稳固的体系，该体系是否可发挥最大的生态、景观、社会及经济效益等，均与所在城市生态空间结构是否能选择一个合适的组织模式密切相关。城市中分散的生态绿地不是通过简单的、随心所欲的"见缝插绿"就能发挥最大效能的，而是要通过合理、科学的组织，经历分散、联系、整合的过程，彼此有机地联系才能发挥最大效能，故选择合理的生态空间结构组织模式是实现城市生态空间结构优化目标的核心环节。

1.构建与区域生态资源相衔接的生态空间结构

完整的保护和恢复河流湖泊、河岸、山体、湿地等生态敏感性自然形态，是形成生物多样性生态系统的基础。这些生态敏感性地区往往是生物栖息适宜性高的地区，环境潜力大，对生态环境能发挥较大的功能作用。因此，应把这些河流湖泊、河岸、山体、湿地等自然地纳入城市生态空间结构中，并结合这些地区确定生态保护的总体框架。镇海地处沿海丘陵地带，自然风貌极为独特，区内九龙山、顶子帽山、万丈山、招宝山等错落分布，甬江穿城而过，加上九龙湖、冲积洲、大小岛屿等，构成了独特而优美的自然生态本底。城市生态空间结构的建构应根据这一地形地貌，实事求是地去确定。以"保护山、利用水、增加绿"为原则，采取多项措施构筑城市"绿色区域—绿色廊道—绿色斑点"的生态空间结构。绿色生态区域主要由九龙山、顶子帽山、万丈山、九龙湖和三圣殿水库等组成，该区域山湖相间，人口密度较小，森林覆盖率较高。绿色廊道主要由东起镇海港区，西至镇海江北界线和长邱线，南起甬江，北至慈镇界线的绿楔带构成，河流绿色生态廊道以贯穿镇海区的甬江为主。绿色防护廊道由道路绿化带、临港工业区、化工区防护带等组成。绿色斑点主要由城市公园、街头游园组成。在城市扩张的同时，城市生态空间结构不应遭受破坏，而应逐步完善其建设，与边缘区的整体开放和形态结构建设相协调，把边缘区看作是完整的生态系统，以人和自然的协调作为价值取向，建设一个完整、连续、功能高效、丰富多样的城市生态空间系统。因此，我们应该以建设森林城市为目标，构建科学合理的城市生态空间结构，这样才能发挥其应有的自净和自动调节能力，实现对城市空间生态环境的宏观调控。

2.构建与城市发展相协调的生态空间结构

城市生态空间是一个有机整体，更是大地景观中自然生长的一部分，其城区规划范围之外不是理想中的空白，是广大具有优越生态条件的城市背景，必须重视城区内外生态之间的相互关系。在规划过程中要与都市区的空间层次一致，不能单从城区考虑，不能人为地将城市与农村分隔开，要加强区域规划。要加大力度注重保护和利用都市区范围内的农田、森林、防护林体系、果园、风景区、湿地、水源地等，统筹兼顾，有针对性地采取保护生态环境的措施，使其与城市绿地系统相融合，将其纳入整体生态空间结构之中，保护跨越城市边界的自然开敞空间的连续性，这有利于城市的发展。

镇海区在城市规模的扩张中，缺乏对空间要素和自然要素的合理组织、优化和控制，造成了自然生态要素分布碎片化、生态空间隔离化、城市及周围自然景观衰退化,对区域生态环境高度依赖。区域生态环境是城市的天然缓冲器,可为城市提供所需的空气、水、绿色原料等资源,是城市小气候的天然屏障。为此,从区域整体出发,将城市生态空间结构纳入区域生态空间结构中考虑,通过合理的城市生态空间结构优化,促进城区内外生态空间的一体化,进而达到保护城市生态空间格局的连续性、完整性,从而改善城区生态环境的目的。

构建城乡一体化生态空间格局是为了更好地与自然环境协调发展,其强调以人为本。城乡一体化在空间结构上做到空间相互渗透、生态环境相互协调,在保证经济、信息通畅的同时,充分尊重自然生态过程,使自然生态过程畅通有序,城乡的生态环境有机结合,人们在享受城市生活高效便捷的同时,体验大自然带来的清新感受和良好的生态环境。城乡一体化生态空间格局真正实现了城乡之间、社会和生态效益之间的高度统一,促进城乡健康、协调发展。具体措施包括:通过楔形绿地、环城林带等将乡村的田园风光和森林气息导入城市,以实现城乡之间生物物种的良好交流,促进城市生态环境的提高和改善;把城市和乡村统一到生态大背景中加以研究,通过调整原有的生态空间结构,引进新的景观组分等,以改善受胁迫或受损害的生态系统功能,提高城市生态空间结构的总体生产力和稳定性,维护和恢复城市化景观的生态过程和格局的连续性和完整性;真正实现城乡之间经济、社会和生态效益的高度统一,促进城乡健康、协调发展。用连续的廊道、绿楔等形式将郊区良好的生态环境引入城市,真正形成一个"血脉通畅"的、能健康生长的城市生态空间格局。

3.构建与城市空间相调谐的生态空间结构

对城市生态空间结构进行优化和建设不应停留在静态的自然生态空间上,而应配合城市空间的发展态势,调查和分析城市周围植被、地形、河流水系及生物等生态环境,将生态敏感区和不可建用地划定为生态保护用地,动态地建构合理、有序的城市生态空间结构。

在镇海都市区空间扩展过程中,城市规划扮演了一个重要角色。根据2004年版总体规划,计入规划填海面积以及镇海新城南区部分江北区范围(世纪大道以东4.18平方千米)后市区规划总面积为236.8平方千米。总体规划在扩大了城市发展空间的同时,导致了城市空间的无序蔓延,损害了镇海的生态品质。同时,由于甬江、九龙湖地形的天然阻隔,导致不均衡发展。如果不加强城市生态空间结构的控制和引导作用,城市空间将会进一步蔓延。巨大的城市尺度,低水平的城市开发,不断被蚕食的生态环境,不仅会降低镇海的城市综合竞争力与宜居性,同时也会对城市的可持续性发展构成严重威胁。因此,要构建合理的城市生态空间结构,必须准确把握镇海城市空间扩展态势,建立与之相对应的城市生态宏观框架,从而反向控制城市建设用地的低水平蔓延式扩张,有效保护生态环境。

与其他大城市规划不同,镇海都市区新城组团不是在一片处女地上从无到有发展起来的,而是在已经半城市化的地域内,利用现有城市组团的辐射作用,吸引工业企业、住宅开发、娱乐设施等继续集聚,提高半城市化地区的建设密度,带动其逐步向真正城市化地区转变。这个特点决定了镇海都市区城市空间发展形态的选择必须考虑与现有城市空间形态相结合,以避免因过度追求空间布局的形式主义而忽略社会经济的实质内容。从空间形态来看,镇海区土地的扩张经历了一次由单一的外部空间扩展向外部空间扩展与内部填充相结合的转变。

(三)推进经济增长方式转变

由于环境保护与治理的问题是在经济高速增长的背景下提出的,因此经济增长途径的选择对环境治理和保护具有决定性影响。可以说,政府选择合理的经济增长方式,是解决环境问题的根本途径。

1.大力发展循环经济,实现环境治理模式从末端治理向源头和全过程控制的转变

镇海区政府应该通过各种政策措施大力发展循环经济,降低污染物的排放量。财政、税务部门应当研究制定对开展资源节约、废弃物循环利用和再生资源产品生产的企业减免税收的地方性优惠政策,以扶持资源综合利用企业的发展,提高再生资源产品的市场竞争力;对企业综合利用资源的,税收征管部门要按照有关文件,严格贯彻执行已有的减免政策。通过这些工作,达到通过生产环节实现废弃物的减量化与无害化的目的,完成环境治理模式从末端向源头和全过程控制的转变。

2.大力发展环保产业

所谓环保产业,广义上指对环境保护有利的生产行业,这里仅指生产环保设备和环保产品的行业。之所以强调大力发展环保产业,是因为它不仅有利于环境保护,而且有利于资源使用效率的提高和经济增长。正因为如此,环保产业已成为发达国家的一支重要经济力量。首先,应实现政府引导,推进环保产业化。通过鼓励、引导各种所有制经济参与环境保护,变分散投资为集中投资,以推进环保产业化进程。镇海区政府应抓紧制定环保

产业发展规划,使环保产业走上正规化发展道路。同时,要利用财税政策,支持环保产业发展,如投资优先、低税率、减免税收,以鼓励环保产业发展。其次,依靠市场力量,实现环保产业结构调整。再次,借助工业推动,加快环保设备国产化进程。技术落后是环境问题得不到及时治理的主要原因,资源利用效率的提高和废弃物的回收利用,都有赖于环保技术的提高。

3.加快产业结构调整

政府要改变过去那种主要靠增加物质投入、铺摊子上项目,以求得经济增长的发展模式,应提高经营管理水平,做到低投入、高产出、高效率,逐步实现经济效益、社会效益和环境效益的统一。引导企业加大对人力资本与技术研发的投入,由主要依靠增加物质资源消耗向主要依靠科技进步、劳动者素质提高、管理创新转变,使企业自主创新能力明显提升,全要素生产率显著提高。推动先进制造业和现代服务业联动发展,促使战略性新兴产业成为重要的经济增长极,城市经济实现跨越式发展,现代都市生态型农业稳步提升,文化产业带动引领效果更加明显。

(四)强化制度保障,创新管理体制

1.深化改革,加强制度创新

在进一步完善市场体系,使绝大多数资源及产品由市场机制调节的同时,推进产权制度创新。主要明确国有资源所有权主体和使用权主体的权利、责任,建立市场化的使用权流转制度;健全对国有资源的督察和监管机制,加大制度执行和监督力度。另外,对有利于环保的技术开发和推广则实行补贴和奖励措施,完善有关的法律、法规和制度,并对一般技术和有益于环保的技术加以区别,在政策和制度上向环保事业倾斜。加大环境执法力度,强化地方政府在环境问题上的宏观调控作用。在政策法规方面,今后镇海区政府应在现有基础上继续完善环境保护法规,增强政策的科学性、配套性与适用性,充分发挥政府在环境问题上的指导与规范作用。

2.借鉴国际有益经验,实施排污权有权使用和交易制度

排污权制度,也称排污权贸易,它是政府干预与市场机制有效结合的一种制度。镇海区政府可借鉴该制度,根据镇海区社会环境承受能力,对每年的排污量规定上限,通过许可证制度,将排污作为一种权力在排污企业之间进行交易和转让。许可证价格由社会供求决定。因为一年中规定的排污量(即社会供给量)是确定的,如果社会需求增加,即排污企业增多,实际排污量增加,将致使许可证价格上涨。当许可证价格高于企业治污成本时,企业

则会投资于治污。这样，便可从宏观上有效地控制环境污染，同时，迫使企业核算排污成本，避免负外部效应，实现环境成本的内在化。

实行有偿且限额发放排污许可证措施。对自然环境而言，污染企业越多，破坏作用越大。政府既然在排污的终端规定了相关的收费制度，那么在排污的始端也应该作出限制进入的安排，以使环境不受过多污染企业的侵扰。这种限制进入制度安排可以体现在水污染物排放许可证的有偿且限额发放上。政府可以通过竞拍的制度安排，使排污许可证从一开始就内含价值，获取排放许可证的排污企业应支付相应的成本代价，而且获取也不是无限的，应该是有限发放的。这方面可以参照城市出租车运营投放数量限制办法，用竞拍方式来决定其价格。

3. 政府引导环保主体多元化

政府应该发动社会各界共同参与到环境保护当中来。其中，公众是环保的重要力量。政府应该充分认识到公众可通过对自身生活质量和健康的关注，支持社会团体和企业的积极行动，形成一种推动力。公众也可依据法律程序，对职能部门和企业的行动不力提出抗议和直接对话，形成社会监督压力。目前，公众对环境保护的关注度在提升，但是环保还未成为全民自觉行动，对政府，特别是企业缺乏必要的监督，污染治理缺乏社会基础。由于人们对环保的参与，是以其对自身生活质量、健康的关注为基础的，所以政府应及时把污染研究成果，特别是对健康的危害，通过新闻媒体向公众广泛宣传，普及环保知识，提高公众对污染危害的认识水平，树立保护生态的自我约束意识和生态责任感。

第七章　优化外围空间结构,推进组团发展

创建卫星城是优化大都市中心城区空间结构、构筑城市公共安全的重要抓手和有效途径,九龙湖—澥浦作为宁波大都市外围的重要组团,其建设对于宁波市及镇海区空间结构优化,建立公共安全体系都具有十分重要的作用。《宁波市城市总体规划(2006—2020年)》(2015年修订)明确指出,宁波市域空间结构为:规划形成"一核两翼,两带三湾"多节点网络化市域空间格局;城镇规模等级共分6级,其中九龙湖—澥浦为Ⅳ级,人口规模为10万～20万人;同时,将城镇职能等级分为4级,把宁波中心城区以及包括九龙湖—澥浦在内的外围组团列为Ⅰ级。该规划还提出,为加强中心城区与周边区域统筹发展,实现功能互补与空间协调,外围形成慈城、东钱湖、东部滨海、九龙湖—澥浦四个组团。并明确九龙湖—澥浦组团是以生态休闲、旅游度假、产业配套为主的中心城区北部综合性组团,这为九龙湖—澥浦今后一段时期优化空间结构,创建卫星城明确了方向和任务。

第一节　卫星城与空间结构优化

城市空间结构是城市功能组织在地域空间上的投影,是政治、经济、社会、文化生活、自然条件、工程技术和建筑结构空间组合的综合反应,是由诸多元素有机驱动融合而成的。经济发展是城市空间演变的基础元素,随着城市经济发展和城市功能拓展而崛起的卫星城则是现代城市空间结构演变的重要动力和载体。而卫星城空间结构调整既是城市空间结构调整的延伸,

也是卫星城自身空间结构和功能优化的必然性,对调整城乡二元结构与优化城市空间结构,实现互惠互利、促进城乡一体健康发展有着十分重要的作用。

一、卫星城及演变历史

从 19 世纪后半期开始,在近代城市规划实践的推动下,城市空间的研究得到了很大的发展,城市空间的功能化结构思想和结构模式理论逐渐成熟,在城市结构模式的研究上出现了马塔带状城市模式和霍华德田园城市模式。"卫星城市"源于田园城市理论,1898 年英国人霍华德在《明日的田园城市》(*Garden City of Tomorrow*)一书中提出"田园城市"的理论,随后迅速引起欧美各国的普遍注意。他以一个规划图解方案具体地阐述了田园城市理论。他指出,卫星城市是大城市体系中的一个层次,是依附于大城市,与大城市联系紧密,处在大城市周边而又与大城市相对独立的中小城市。卫星城市与母城的关系类似于宇宙中卫星和行星之间的关系,二者相互依存,并在空间关系上,卫星城市环绕母城分布。直到 1915 年美国学者泰勒才正式提出并使用了"卫星城市(satellite town)"这个概念。他主张在大城市郊区,建立宇宙中卫星般的小城市,把工厂从大城市人口稠密地区迁到那里去,以解决大城市因人口过密而产生的种种弊端。在国外,卫星城曾被视为治理城市问题的良方,理论界对卫星城发展与城市空间结构优化问题开展了热烈的研究,形成了各种学术流派,在不同的国家与城市之间掀起了一股兴建热潮。

根据霍华德的设想,1919 年英国规划设计第二个田园城市——韦林时,采用了"卫星城镇"这个名称。20 世纪 20 年代,英国建筑师 R. 昂温为伦敦地区制定咨询性规划,提出大规模地把伦敦的人口和就业岗位分散到附近的卫星城镇去。当时,之所以采用卫星城镇的名称,主要是因为田园城市已被用于泛指城市开阔的郊区或田园式市郊区;同时,也为了表明韦林之类城镇同伦敦在经济上有紧密的联系。之后,"卫星城镇"一词便流传开来,并被广泛运用,有时还被用于称呼大城市边缘那些规划良好的工业郊区。20 世纪 30 年代前后,伦敦郡议会又用过"准卫星城"一词,指的是伦敦郊区仅具有"卧城"性质(即只作为生活居住之用)的居住区。在 P. 艾伯克龙比于 1944 年主持编制的大伦敦规划中,为疏散人口,计划在伦敦外围建设 8 个城镇,最初也称为卫星城镇,后来通称为新城。

建设卫星城市自 1924 年在荷兰阿姆斯特丹召开的国际城市会议上提出以来,得到各国响应。英国政府于 1946 年制定《新城法》,把在特大城市外围建设新城的设想,作为政府计划予以实施。日本在 1956 年公布《首都圈整备法》,强调在东京 100 公里范围内大规模发展卫星城。苏联于 20 世纪 50 年代中期提出要大力发展卫星城镇。

第二次世界大战后,先是英国、瑞典、苏联、芬兰,后是法国、美国、日本等国规划建设了许多卫星城镇。近 30 年来,发达国家在大城市外围建设的卫星城镇,具有代表性的有:斯德哥尔摩的卫星城魏林比,巴黎外围的赛尔基—蓬杜瓦兹等 5 个新城,华盛顿的卫星城雷斯登,东京的卫星城多摩等。苏联在 20 世纪 30 年代提出在莫斯科外围建设小城镇,以控制城市人口。1971 年的莫斯科规划中,计划在莫斯科外围布置 11 个卫星城镇。中国在 20 世纪 40 年代末,在上海城市规划中已提出在市区周围建设卫星城镇的设想。20 世纪 50 年代末上海、北京等城市的总体规划中都考虑了卫星城镇的规划和建设。上海城市规划中建设的第一批卫星城镇有闵行、吴泾、松江、嘉定、安亭和吴淞。20 世纪 70 年代,上海市由于建设石油化工总厂而发展起来的金山卫卫星城,住宅和公共设施配套齐全,建设效果较好。

时至今日,西方国家已步入了稳定发展的阶段,新城建设几乎已经成为历史,目前的关注点在于内城振兴问题及解决城市非物质建设发展的种种矛盾。综观国外新城建设的实践历程,新城的功能发展经历了从疏散中心城人口、接纳外溢产业为主,到扩展成为新的城市经济增长极和城市空间结构的重要有机组成部分的变化。在新的时代背景下,新城建设在城市发展中的作用呈多样化趋势,新城建设推动城市空间结构调整和重组的作用愈加突出。

卫星城的发展经历了三个阶段。第一个阶段是近郊居住城。即附属于大城市的近郊居住城,如 1912—1920 年巴黎制定了郊区的居住规划,城镇仅供居住,这种城镇一般也被称为“卧城”。第二个阶段是半独立的卫星城。如 1918 年芬兰建筑师沙里宁按照有机疏散理论制定了大赫尔辛基规划,主张在赫尔辛基附近建立一些半独立的城镇。后来瑞典斯德哥尔摩附近也建造了一些半独立的城镇,著名的有魏林比,它有一定的工业和服务设施,部分人可以就地工作。第三个阶段是独立的卫星城镇。它距母城较远,有自己的工业,有全套的服务设施,可以不依赖母城而独立存在,再施以行政与财政的鼓励措施,吸引了许多人口,达到了真正疏散大城市的目的。其规划特点是城镇具有多种就业机会,社会就业平衡,交通便捷,生活接近自然,规划方案具有经济性和灵活性。城市交通主干道、次干道和人行道布局便捷、安全,大型商业中心、小型商业点设置合理。

二、卫星城的功能与空间结构优化

随着大城市的发展,大城市在全面带动经济社会发展的同时,也带来了巨大的负面效应,其中最典型的问题就是人口膨胀、交通拥堵、环境恶化、住房紧张、就业困难等城市病。要解决这些问题,拓展城市空间、优化空间结构是必然的选择。卫星城同大城市一样,具有一般的城市功能,是经济活动及其空间集中的结果,是一个相对独立的经济实体,也是一定区域经济、政治、文化的中心。但由于卫星城与母城之间具有附属关系,作为母城功能组团的一部分,卫星城对整个都市圈的空间结构优化和功能完善起着十分重要的作用。具体来说,卫星城在优化空间结构方面的功能主要包括以下方面。

一是协调城乡联动发展功能。城乡之间空间流(人流、物流、资金流、技术流和信息流)产生的前提是资源禀赋及社会经济方面的差异性、互补性及要素的可流动性。各种要素通过一定的载体和通道在城乡间发生经常的、反复的以及单向的、双向的或多向的流动,构成了城乡相互作用的基础。构筑一个合理的城乡空间结构,优化城乡联系的通道,控制城乡间各种要素流的载体、流量、流向,使城乡发展达到和谐有序,是城市化面临的一个重要课题,也是城乡协同发展的必然要求。这个通道角色将由卫星城来承担。卫星城一般处在交通方便、位置优越、经济社会发展水平相对较高的大城市周围,它们与其他城市相比,有很强的空间优势。同时卫星城与广大农村有着紧密的联系,是城乡联系的必要部分,具有协调城乡联动功能。卫星城作为城乡之间进行联系和交流的中间桥梁,不仅可以为大城市提供从农村聚集而来的原材料、农副产品、各种劳务,而且可以为大城市向农村转移产品、技术、资金、人才,开辟广阔的市场。因此,卫星城作为连接城乡的纽带,能够充分发挥其协调联动作用,促进城乡一体化的发展。

二是产业聚集和经济辐射功能。产业聚集和经济辐射是卫星城的重要功能。[①]卫星城作为大城市郊区城市化的龙头,其重要功能是在承接大城市辐射功能的同时,承担本地区综合功能,带动周边经济社会发展。卫星城在分散城市工业、承接大城市的产业转移中具有独特的优势。从产业转移的历史来看,发达地区在向外转移产业时,会选择基础条件优越的地区,这些基础条件包括已有的生产能力和规模、劳动力价格和素质、本地市场的规模和成熟程度、原料的供应、基础设施和政府政策等。由于卫星城毗邻大城

---

① 周丽永.浅谈卫星城的产业功能及其定位.重庆文理学院学报,2004,3(4):35-37.

市，在这些基础条件方面往往优于其他城镇，因而成为城市产业转移的首选之地。同时，卫星城作为一个中小城市，除具备产业聚集功能之外，还具有大城市所表现出来的经济辐射功能。但是由于卫星城独特的地理位置和经济功能定位，其产业聚集和辐射功能主要表现为两个方面：一方面是利用较好的产业基础设施条件吸引农村乡镇企业的聚集，实现产业园区化发展；另一方面是承接所依托城市的产业转移和经济技术辐射，实现区域产业链的延伸。

三是人口聚集和居住集中功能。卫星城的人口聚集功能主要指缓解城市中心区人口压力和吸纳农村剩余劳动力。卫星城的发展能够分担市区功能，促进人流、资金流、信息流和技术流的合理流动，通过增加对人口的吸引力，实现人口分流，疏散大城市中心区过密的人口，缓解住房、交通压力，有效控制大城市病，减少环境污染，改善人居环境，保证中心区的从容发展。同时，卫星城是我国合理城镇化层级体系中的重要组成部分，在新型城镇化进程乃至整个国民经济发展中具有重要的地位。人口向卫星城适当集聚，建设相对集中的居民居住区，不仅能够带动巨大的潜在投资和消费需求，还有利于实现转移人口的就地城镇化，能够避免人口过度集中在大城市或过度分散在小城镇所带来的种种弊端，减少土地资源浪费，节约社会资源，提高资源利用效率，降低过去人口异地转移所带来的沉重代价。

三、九龙湖—澥浦空间演变历史

（一）九龙湖镇空间演变历史

作为2016年全国重点镇之一的九龙湖镇[①]，是镇海区辖镇，位于镇海区北郊，南面为河川平原，东眺海天佛国普陀山，南临繁华的宁波市中心，西连富庶的宁绍平原，北扼杭州湾而通上海，同慈溪鼎雁门岭间隔，又与宁波江北区为邻，与澥浦镇、骆驼街道接壤。截至2016年，全镇下辖11个行政村、1个居民区，面积65.3平方千米，耕地面积为1946.67公顷，总人口为2.49万人。境内山清水秀、环境宜人，被称为宁波的"后花园"。

九龙湖镇原为河头乡。河头又名河头市，古名鸿落河头。北宋之末，徐仲孙后裔从奉化迁移来此。徐本籍徽州，以喻为鸿雁播迁之隐此定居；亦可释为河之源头，以其受众山之水汇而成川，通达于外河，故名。河头乡于1949年5月25日定名为西河乡，下辖12个行政村。1950年10月，划分成

---

① 全国重点镇名单公布_2016年浙江省全国重点镇名单公布：137个.（2016-09-07）[2017-03-04]. http://www.southmoney.com/redianxinwen/201609/721912_3.html.

两个小乡,即河头乡和西顾乡。1956年,河头乡、西顾乡又合并为一个乡,仍定名为西河乡,划归镇海县骆驼区领导。1958年10月,骆驼区改称骆驼公社,西河乡划分为两个管理区:河头管理区和西河管理区。1961年8月,西河、河头两个管理区又合并为西河人民公社管理委员会。1962年4月,西河公社管理委员会为了便于领导,分成两个公社,即河头公社和西河公社。1967年3月,西河、河头又合并为一个公社。1968年6月,改称河头公社革命委员会,到1980年12月又改为河头人民公社管理委员会。1983年10月,根据上级要求实行政社分设,正式定名河头乡,成立河头乡人民政府。2001年9月以后改为九龙湖镇。

2001年10月行政区划调整之后,九龙湖镇充分利用依山傍海、交通便利、设施完善等优势,大力发展园区经济,着力完善招商体系,全镇经济和社会各项事业驶上了发展的快车道。

2010年开始,九龙湖镇围绕建设"宁波中心城北部重要发展组团,以山水文化景观为特色的旅游休闲度假区,具有高品质人居环境的生态城镇"的目标,按照"近期2015年镇域总人口6.6万人,其中城镇人口4.8万人;远期2030年镇域总人口8.4万人,其中城镇人口7.1万人"的发展规模,大力构筑"一心两轴三片区"的镇域空间布局结构,加大城镇建设力度。

同时,九龙湖镇大力实施旅游兴镇、工业富镇、生态立镇、科技强镇四大战略,建设现代化的生态旅游城镇。2015年,实现工业总产值77.08亿元,农业总产值2.78亿元。建成了宁波(三星)机电工业园区、田顾工业区等工业园区,建成园区面积达3.24平方千米。入驻的规模企业有合众不锈钢、天业精密铸造等,重点发展机械、电子制造业。

(二)澥浦镇空间演变历史

澥浦镇地处宁绍平原东端,南距宁波市区23千米,距招宝山街道14千米,东临东海灰鳖洋,隔水与金塘岛相望;北越大平岭与慈溪龙山镇接壤,与蛟川街道、骆驼街道交界;西与九龙湖镇毗邻。总面积25.44平方千米。海中有澥浦山(泥螺山)、巴子山、棋盘山、走马堂四岛礁。镇政府现驻觉渡村。下辖1个居民区,8个行政村,1个渔业社。澥浦镇地属姚江水系的浅海沉积平原和四明山余脉的低丘地带。山丘平均高度在100米左右,岩基主要是凝灰岩和流纹岩。土壤由海积和湖泊河泊淤积而成。

澥浦镇以古泄洪道澥浦得名。澥浦又称西河,起源于横溪香山,蜿蜒十余里,经叫天港、乱涨蓬港,过永年大桥至澥浦闸(今月洞下)注入东海。浦在清康熙年间淤塞。明《宁波府简要志》载:"澥浦,即古渤澥,西有昆仑山,东有渤澥岛,外大海,旧有镇。"澥浦镇是甬北重镇,浙东水陆交通要隘,329国道和慈镇运河贯通其南北。区乡级公路便道四通八达。澥浦大河和澥浦大闸配套。

澥浦系古老渔镇,镇以古泄洪道澥浦得名,早在宋朝时就称澥浦镇。809年为望海镇,909年为望海县(后改称定海县),1077年澥浦被称为澥浦镇。自宋至清属灵绪乡。宣统三年析灵绪为前绪、东绪、西绪3个乡,澥浦属前绪乡。1930年建澥浦镇。1954年省民政厅批文称"澥浦渔镇"。1961年10月澥浦管理区和觉渡管理区合并,建立觉渡人民公社,1985年3月改觉渡乡建置为澥浦镇。

从20世纪90年代开始,澥浦镇通过实施优惠鼓励政策,把深化改革作为促进全镇经济社会持续快速健康发展的推动力,在积极推进企业加快技术改造,促进产业转型升级的同时,因地制宜,积极有效地开展招商引资工作,加快工业园区建设步伐,大力引进宁波大红鹰生物工程维E项目。1997年起,澥浦镇在国道线两侧开辟沿路工业经济带,引进并培植了一批骨干企业,如盛发铜业有限公司、宝云集团公司、金腾电器公司等。

1998年,澥浦镇利用依江临海,与居民区有天然山体屏障等有利于发展化工产业的得天独厚的优势,初期征地20公顷,建立了宁波化工产业园区,园区成立宁波化工开发有限公司,实行企业化运作。2003年2月,宁波化工区管委会正式开始运作。澥浦镇明确提出以招商引资为重点,加快推进园区建设,大投入、大开发、大发展,力争把澥浦的经济做强、环境做优、文化做深,逐步使澥浦成为镇海区乃至宁波市未来重要的经济支柱。

2006年,为适应发展需要,宁波化工区与澥浦镇正式分家,澥浦镇面临新形势,提出了"依托化工区、服务化工区"的发展思路,加大城镇建设力度,提升城镇规模,扩大辐射能力,大力发展第三产业,促进了经济社会的快速发展。2008年,宁波公路运输物流基地动工建设,配套宁波化工区的生产性服务业,同时服务于整个浙东地区的公路物流枢纽,成为澥浦镇的另一个发展极。

为加快镇海区建设国家级生态区的步伐,澥浦以花卉园和林带为特色的生态建设拉开序幕,澥浦生态的综合效益逐步显现。从2003年开始建设海天生态林带澥浦段,林带平均宽度为200米,总长度为5.38千米,占地107.47公顷,是雄镇大地一道亮丽的风景线。同时,该镇充分依托现有的农业产业基础,增强辐射效应,形成规模效应,做好做响自己的品牌,生态农业和休闲观光农业呈现出欣欣向荣的局面。

2010 年开始,澥浦镇围绕建设宁波中心城北部工业型综合城镇、宁波石化经济技术开发区综合配套服务基地、以历史民居为特色的镇海旅游区重要组成部分的目标,按照 2020 年规划总人口为 4.8 万人、城市建设用地 2.74 平方千米的发展规模,加快城镇化建设步伐,努力打造"镇区—集中居住区(村民集居点)"二级村镇体系规模结构。镇区规划到 2020 年城镇建设用地总面积为 273.7 公顷,人口规模为 2.5 万人。建设十七房、觉渡两个集中居住区,湾塘、岚山、庙戴三个村民集居点。经过建设和发展,2015 年,澥浦镇工业总产值为 49.49 亿元,农业总产值为 1.87 亿元。2016 年,澥浦镇工业总产值为 62.25 亿元,农业总产值为 1.93 亿元,财政收入达到 3.65 亿元。

第二节　九龙湖—澥浦卫星城建设存在的问题

伴随着新农村建设步伐和新型城镇化进程的加快,九龙湖、澥浦城镇建设得到较快发展,城镇面貌得到了较大改变。但由于历史的原因,在较长一段时期里,九龙湖、澥浦两镇在城镇化建设过程中目标和方向不够明确,使得镇区与村落之间、村落与村落之间、城镇与周边之间难以形成分工明确,布局科学合理的城镇体系和空间格局。同时,九龙湖、澥浦两镇长期以来是以农业为基础的典型乡村集镇,城镇化建设存在诸如人口、资金、资源等制约因素,工业基础薄弱,城镇建设落后,空间结构散乱,中心镇集聚和辐射功能较弱。

一、九龙湖镇卫星城建设存在的问题

九龙湖镇通过大力实施旅游兴镇、工业富镇、生态立镇、科技强镇四大战略,促进了现代化生态旅游城镇的建设。建设卫星城具有独特的有利因素,当然也存在一些问题,主要表现在以下四大方面。

1.功能定位日趋明确,但开发建设尚未得到重视

九龙湖地处镇海、江北、慈溪交界处,区位优势非常明显。《宁波城市总体规划(2004—2020 年)》明确了九龙湖—澥浦的城镇性质为宁波中心城北部重要发展组团,城镇地位日趋重要。根据《宁波市镇海区九龙湖镇总体规划(2010—2030)》,九龙湖镇总体发展目标为宁波山水度假旅游名镇、城郊型高品质宜居城镇、以山水文化景观为特色的旅游休闲度假区、具有高品质人居环境的生态城镇。城镇功能定位已经明确,但从整体上讲,九龙湖城镇

化建设在宁波大都市建设中的重要地位并没得到应有的体现,尤其是没有将九龙湖镇纳入宁波卫星城建设范围,开发建设尚未得到应有的重视,缺少应有的地位。功能定位不明确会直接影响九龙湖城镇化的推进以及今后的发展。

2.新农村建设走在前列,但中心镇功能发育滞后

九龙湖镇由原河头乡、长石乡、汶溪乡组建而成,各功能区块独立发展,缺乏整合,村镇空间布局松散。九龙湖中心镇区现有基础设施相对落后,与新型城镇化发展要求不相适应。建成区面积偏小,集聚辐射功能偏弱。公用事业不健全,城市管理水平有待提高。具有资质的幼儿园只有7家,小学3所,教学质量相对较低,教育资源严重滞后。为生产、生活服务的金融机构、大型超市缺乏,直接影响企业生产居民生活。

3.旅游资源得天独厚,但旅游优势尚未充分显现

尽管景区拥有优质的山水旅游资源,但由于理念、规划、资金等原因,旅游形象策划、旅游产品推荐、旅游深度开发存在不足。九龙湖目前所采用的主题形象是"碧水仙踪、养心天堂"。它突显了九龙湖密境型青山碧水的资源特色以及基于资源本底的养生度假功能,但未提炼出鲜明的区别于周边山水度假区的具有竞争力的主题特征,无法形成独树一帜的特色品牌。旅游资源从开发投资上看,投资类型上仍以政府投资为主,开发类型上也存在趋同性、重复性。投资开发在空间上比较集中,开发投资力度不足,许多拥有开发价值的资源,没有得到持续有效的投资支持,错失了发展良机。

4.城镇化进程日益加快,但政策瓶颈有待突破

在推进城镇化过程中,土地和资金成为两大突出问题。土地方面,由于政策性原因和失地农民保障制度不够健全,土地流转遇到瓶颈,直接制约着农业规模化经营。受"农保地"政策的制约,城镇化可用土地资源矛盾日益凸显,在很大程度上制约了撤村聚居的有序推进。资金方面,农村腹地的新型农民集中居住区建设项目,资金困难较大,撤村聚居需政府承担很大部分的公共资源建设和重组的资金,九龙湖镇财政力量相对较弱,撤并所需的各项资金严重匮乏。

二、澥浦镇卫星城建设存在的问题

澥浦镇通过大力实施国家级生态城镇建设战略,围绕宁波中心城北部工业型综合城镇、宁波石化经济技术开发区综合配套服务基地、以历史民居为特色的镇海旅游区重要组成部分建设目标,加速推进新型城镇化建设,卫星城建设取得重要进展,但也面临一些问题。

1.配套功能尚不完善

作为宁波石化经济技术开发区的配套卫星城,澥浦镇现有的基础设施、公用事业、商业服务能力和水平等与卫星城要求相比,存在差距。一是基础设施特别是交通组织存在严重隐患,地理上隔离不明显,危化品车辆和大型车辆过境现象严重,与新城及九龙湖—澥浦组团交通不顺畅。二是社会公用事业设施无法满足化工区日益增长的需求,更不能满足化工区发展的特殊需要。同时,教育、医疗等公共服务资源十分有限,外来务工人员"上学难""看病难"等问题比较突出。三是由于本地居民外迁和外来务工人员消费层次不高,服务业发展受到严重制约。四是体制和政策协同不够,作为化工区服务的主体,缺乏资源和手段,长期无建设用地指标,各类建设无法实施。城镇与社区体制不顺,由于各自工作重点不同,遇到棘手问题时,只能采取被动应急应对的办法来解决。

2.生态人居环境不协调

宁波化工区是浙江省生态化改造试点园区和宁波市循环经济示范园区,是浙江省第一批通过"811"环境整治验收的省级开发区之一。尽管化工区在生态环境监控方面做了大量工作,大多数企业都能够做到达标排放,但巨大的废气排放总量仍不可避免地影响澥浦的环境质量,城镇区域时常出现异味空气,给镇区居民生活带来一定影响。这也对澥浦房地产业开发、休闲旅游业发展产生直接影响,进而制约城镇的集聚和生活品质的提升。

3.城镇建设比较散乱

澥浦镇中心紧挨化工区,安全缓冲距离不足2千米,城镇发展空间受到严重制约。镇区规模偏小,首位度不高,辐射力度不大。由于历史条件的限制,澥浦集镇区域用地功能混杂,至今尚未形成具备一定规模的集镇中心,唯一一条长约200米的汇源路商业街,也基本以经营小餐饮、小杂货为主,城镇面貌较为落后,群众生活比较不便。同时,澥浦所属各村庄规模小,数量多,村居集聚程度低,城镇体系网络不清晰,各项公共设施配套缺乏;土地利用率和产出率低下、利用粗放、浪费严重;产业发展矛盾依然突出,农业产业化程度低。

第三节　九龙湖—澥浦卫星城建设的目标要求

加快九龙湖—澥浦卫星城建设,优化城镇空间结构必须紧紧抓住国家实施"一带一路"和宁波积极争取"跻身全国大城市第一方阵"的有利时机,充分依托各自的自然条件、资源禀赋、产业优势、人文基础，明确城镇发展的目标和要求，理清发展思路，坚定不移地坚持符合自身发展的原则，大力推进城镇化建设，走出一条具有时代气息和地域特色的发展之路。

一、九龙湖镇卫星城建设的目标要求

（一）总体思路

九龙湖镇加快卫星城建设必须依托宁波围绕"国际港城市"目标实现转型升级与创新发展的有利契机，贯彻生态立镇、旅游兴镇的发展理念，坚持高端引领、点面结合、项目带动以及市、区联动原则，实施精品旅游、美丽乡村、功能集聚、素质提升、产业转型五大工程。以规划为主导，以九龙湖旅游度假区开发建设为重点，以宅基地换房，实施土地综合整治，加强征地拆迁和重点项目建设，加快城镇中心区建设。大力推进农村集中居住区建设，农民以宅基地置换集中居住区住房，建设设施农业产业园区，用土地出让收入平衡新城镇建设资金。美化沿山、沿河、沿路小村庄，精心建设乡村精品休闲旅游圈，协调推进生态保护、经济发展、民生改善、都市农业和新农村建设，加快打造具有全国影响力的旅游综合体，成为宜居、宜游、充满魅力的宁波大都市北郊卫星城。

（二）基本原则

九龙湖镇打造卫星城必须坚持以下原则：

一是高端引领。九龙湖镇资源优势十分突出，小城镇建设必须高端引领，分类推进。通过"二聚一改"（服务集聚、酸洗集聚、天然气改造），推进政企院校合作，打造国家级紧固件产业集聚区。通过御水龙都大型综合项目的带动，灵活运用整体拆迁型、集中改造型、特色打造型等多种模式，打造示范型旅游新城镇。通过九龙湖旅游度假区重大项目建设，高起点、高标准地推进旅游资源综合开发，打造高品质的省级旅游度假基地，建成影响广的环湖旅游休闲生活区，构筑现代化的都市休闲农业基地。

二是点面结合。九龙湖卫星城建设要突出重点，抓好九龙湖旅游度假区和旅游新城镇的开发建设，这是九龙湖卫星城建设成功的关键。配合"2016年宁波市重点工程建设项目计划"，以居民集中居住区建设推进河头（田顾）、田杨陈、西经堂、长石长宏、汶溪中心五个点的城镇化建设，完善城镇空间结构。配合新的镇政府行政中心搬迁，大力推进基础设施建设，提升城镇居住品质。创新体制机制，提升行政级别，推进九龙湖度假区、九龙湖新镇联动发展。

三是项目带动。招商引资、项目带动是城镇化发展和卫星城建设的切入点。从北部、中部、南部不同地域的经济、社会发展水平,资源环境,人文风土人情和当地实际需要出发,尊重客观发展规律,充分发挥区位、资源、产业、生态、人文等五大优势,运用旅游综合体开发经营理念,确定合理的、适度超前的发展速度,有计划、有重点地启动一批项目,储备一批项目,不断提高项目带动效益。做好御水龙都项目、普罗旺斯欧洲风情旅游项目、香山教寺改造提升项目、悦榕庄项目建设,引导各类资金、人才等生产要素向城镇聚集。

四是市、区联动。市、区联动是推进九龙湖城镇化的重要举措。九龙湖卫星城建设要放在宁波大都市、镇海全域城市化的大格局中来谋划,通过规划对接、功能对接、基础设施对接、人才对接,产生更好的同城效应,促进市、区两级联动发展。要在市、区联动中来推进,在全市范围内形成示范效应:对于市、区两级重点产业和重点项目实施过程中遇到的难点和问题,要市、区合力,采取"特事特办、一事一议"的原则,发挥联动效果加速项目的实施;建立市、区定期交流,项目共同推进,项目进展情况交流制度等合作机制,保证大项目在市、区两级"一路绿灯";加强与江北、慈溪联动发展,统筹旅游资源开发利用。

(三)发展目标

九龙湖镇建设卫星城应明确目标,分步实施。

第一步,到 2020 年,形成卫星城轮廓。为此,在完善全镇宅基地普查,大力推进宅基地换房基础上,围绕城镇空间扩张、结构完善和功能提升,抓紧编制卫星城发展规划,促进城镇化快速发展。旅游新城镇初步建成,御水龙都项目、普罗旺斯欧洲风情旅游项目、香山教寺二期项目全面完成,完成新的市民服务中心建设,完善基础配套设施,初步形成城镇中心区、旅游度假区、生态休闲农业区和工业产业园区融合发展的新格局。

第二步,到 2025 年,基本建成卫星城。实施以宅基地换房促进城镇化规划,宅基地换房基本完成。基本建成九龙湖生态化休闲旅游型新城镇,旅游度假区成为国内知名的旅游综合体,"九龙十八庄"商标成为全国知名商标,乡村旅游精品线日益成熟,形成一批领先全市、影响全省、辐射全国的美丽乡村精品线路和精品区块。

第三步,到 2030 年,全面建成品质优越、城乡融合的卫星城。整个城镇的基础配套设施完备、城市功能完善,生态环境、工业园区、现代农业、休闲旅游实现完美融合发展,城镇居民生活品质得到极大提升,农村居民生活富裕幸福,区域文化繁荣,人的素质得到极大提升,九龙湖成为国内知名的宁波中心城市卫星城。

二、澥浦镇卫星城建设的目标要求

(一)总体思路

澥浦镇加快卫星城建设必须紧紧抓住宁波着力建设创新型城市,打造港口经济圈,提升国际化水平,加快构筑"一圈三中心",构建宁波都市区的有利时机,紧紧围绕卫星城建设这一目标,全速推进全域城市化,坚持政府主导、绿色环保、稳步高效、特色发展原则,贯彻广泛借鉴、以我为主、产城融合、功能分离的理念,高标准规划建设,创新管理模式,实施人口集聚工程、生态绿化工程、产业提升工程和城乡融合工程,着力打造生态环境良好、服务功能完备的示范性森林城镇,建成宁波中心城北部工业型综合城镇、宁波石化经济技术开发区配套服务基地和以历史民居为特色的镇海旅游区重要组成部分。

(二)基本原则

澥浦镇打造卫星城必须坚持以下原则:一是政府主导。科学编制规划,制定政策措施,确定标准规范,强化政府的引导、调控及推动职能,把握方向,精心组织实施,充分发挥政府主导作用。以宅基地换房、土地承包经营权流转为契机,推进土地综合整治,实现耕地占补平衡,拓宽新城镇建设资金筹措渠道。实行农村土地承包经营权置换农村社保,切实维护农民权益、保障农民利益,促进农村经济发展、农民生活改善和农村精神文明建设。

二是绿色环保。澥浦新型小城镇建设必须充分考虑宁波石化经济技术开发区的环境影响,编制小城镇生态规划,严格划定绿化用地面积,科学安排绿化布局,建立镇区和村庄的复合生态系统,保持生物的多样性。大力加强澥浦新型小城镇与石化区的绿化隔离带建设,以林带为主,形成乔、灌、花、草相结合,点、线、面、环相衔接的绿地系统。新城镇建设必须以生态环境保护为重点,依靠科学的规划和先进技术的运用,广泛推广使用太阳能和燃气能源,鼓励采用节水技术和废水利用,扩大雨水、中水利用;开辟清洁能源使用渠道,推广节能环保型建材,建设资源节约型、生态环境友好型小城镇。

三是重点突破。从实际出发,把握时机,在加快推进集居区建设、完善城镇空间格局、镇区良性互动体制机制等若干方面实施重点突破,统筹兼顾,扎实工作,全面提升城镇化发展水平,引导产业特别是服务业发展,以发展聚人气,以发展保稳定,既积极又稳妥,务实高效,力争做到小城镇建设稳步发展。

四是特色发展。第一,突出森林城镇特色。澥浦已是全国环境优美乡镇和第一批国家级生态村,在小城镇建设进程中,对置换出来的宅基地进行复垦,建设设施农业园区,增扩宁波石化区与澥浦镇之间的海天林带,实现石化区的企业与居民关系融洽。第二,突出产业服务特色。打造宁波石化经济技术开发区配套服务基地,依托石化区发展带来的物流和人流,切实抓好社会管理、综治维稳、文化体育、商务餐饮、物流仓储等现代三产服务业发展,优化区域经济结构,提升区域经济竞争力。第三,突出产城分离特色。坚持以规划为先导,实施居住、产业功能的科学布局、互补发展,使产业与城镇之间形成生态隔离,最终发展成富有工业产业特色的生态型城镇。

(三)发展目标

澥浦镇建设卫星城应明确目标,分步实施。第一步,到2020年初步形成卫星城轮廓。按照高起点、高要求、高标准,制定卫星城建设规划,近期加快制定森林城镇建设规划,做好搬迁村庄选址工作。在尊重农民意愿的基础上,开始宅基地换房、征地拆迁建设工作。完善土地综合整治政策,制定出台宅基地置换城镇住房、农村土地承包经营权置换农村社保办法。

第二步,至2025年,基本建成卫星城。卫星城基础设施基本完善,十七房、觉渡、庙戴三个居住区全面建成,农民入住新市镇,基本消除城乡二元体制结构,享受城市化建设带来的成果。329国道以西沿山—觉渡片区建成全新的居住、商贸和公共服务中心。完善配套设施,提高居民收入,增加财政来源。

第三步,至2030年,全面建成城乡融合、品质一流的卫星城。居民生活品质得到极大提升。建成布局合理、设施配套、功能互补、产城融合、环境优美、经济繁荣的全国示范性森林卫星城。

第四节 加快推进九龙湖—澥浦卫星城建设的对策

全面贯彻党的十八大和十八届三中全会、十八届四中全会、十八届五中全会以及中央城镇化工作会议、中央城市工作会议精神,按照"五位一体"总体布局和"四个全面"战略布局,牢固树立和贯彻落实创新、协调、绿色、开放、共享的新发展理念,紧紧围绕新型城镇化发展基本要求,把握国务院批复同意实施长三角城市群发展规划有利时机，结合自身实际，在九龙湖、澥浦卫星城建设中以项目建设为支撑，加快推进城镇化进程，提高城镇化率，优化和完善空间结构，加快推进城市基础设施建设，为打造卫星城奠定坚实的基础。

一、实施"五大工程"

九龙湖和澥浦两镇围绕卫星城建设，大力实施山水精品旅游、城市功能集聚、人文生态提升、产业转型升级、美丽乡村建设等五大工程，建设充满魅力的宜居、宜游、宜业卫星城。

（一）山水精品旅游工程

九龙湖镇以生态环境整治为首要战略，切实改善区域生态环境。推动旅游休闲、健康养老、文化体育等生活性服务业向精细化、品质化转变。加快建设"山水寻梦""九龙问茶"等风景线。以普罗旺斯欧洲风情旅游项目、香山教寺项目、步行道修建项目、农家乐改造项目、长寿基地建设项目等为依托，打造范围较小的环湖旅游休闲生活圈。以旅游项目为主导，推动房地产开发，以良好的环境与优惠政策积聚人气，将现十字路自然村区块打造成具有普罗旺斯风貌的浙江著名法国风情旅游度假目的地。推进香山教寺项目建设，扩建大雄宝殿等，实施寺前广场改造工程，形成宗教文化品牌，把香山教寺建成佛教文化旅游景点。沿九龙湖环湖景区山体建设三条登山游步线路，将主题登山步道结合自然的理念融入整个项目，其中将落叶道、古道遗迹、枫林道等多种环境生态相结合，合理配套相应的辅助设施，将九龙湖登山游步道打造成精品休闲旅游项目。在科学规划与合理引导的基础上，进一步加强业务培训与指导，做好横溪农家乐特色村建设，打响自己的特色品牌，吸引更多游客，切实增强区域旅游服务能力。依托横溪长寿村资源，鼓励社会办医，特别是引进外资兴办档次高、服务优、管理精的医疗、养生、康体产业集群，打造一批具有特色和行业优势的养生康体胜地。在完善基础设施的基础上，加快自驾游、乡村游、采摘体验游等旅游产品的开发，提升旅游休闲层次，提高九龙湖旅游的知名度。启动水系连接工程、斗鸡岙影视基地、环湖公路扩建等项目，构筑范围更大的环湖旅游休闲生活圈。实施四湖连珠工程，沟通三圣殿水库、小洞岙水库、郎家坪水库和九龙湖，打造水上旅游精品线。加强与国内影视界知名人士合作，将斗鸡岙影视工程建设成为影视后期制作、影视发布、影视文化传播、影视文化体验的重要基地。启动环湖公路扩建工程，打通断头路，修缮与拓展现有的环湖公路，为旅游开发提供重要支撑。

　　澥浦镇引入开元集团的同时,加大对开元集团的支持力度,适度强化景区周边的村庄建设和环境改造。启动郑氏十七房景区二期工程,推动区域整体开发。适时启动郑氏十七房景区二期开发,完善吃、住、娱乐、购买等配套功能,拉长产业链,挖掘旅游资源,提高旅游品质,提升景区影响力和知名度,带动周边商贸服务业和房地产发展。统筹业态发展,强化市场营销,用品牌占领市场;利用水系布置临水业态,优化活动项目设置,搭建休闲平台;挖掘文化故事,整合商帮文化、海洋文化,走规模化、差异化、多样化、专题化、产业化之路。结合本地旅游特点,拓展旅游资源,串点成线,实现可持续发展,着力将景区打造成中国传统节庆、宁波民俗文化传承基地和浙东重要的综合性文化体验旅游区。

　　(二)城市功能集聚工程

　　九龙湖镇按照"充实中心、延伸两轴、三区互动"的思路,加快人口向镇中心区的集聚,提升城镇化水平。充实中心,就是以御水龙都项目实施和市民服务中心迁移为契机,扩大镇域面积,增强中心镇实力。依托御水龙都项目,建设集中居住典范工程,使之成为旅游新城镇建设的主要载体。以市民服务中心搬迁为契机,全面实施老城镇拆建改造工程,打造集休闲、娱乐、居住、商贸、行政等为一体的高标准、高品位的旅游新城镇。延伸两轴,就是延伸九龙大道发展轴,加速推进人流、物流、资金流全面融入宁波大都市的进程;延伸沿山、沿河、沿湖休闲景观轴,就是依托沿山、沿河、沿湖景观,建设一批居民区,实现与澥浦组团发展。三区互动,就是要畅通平台与渠道,实现北部九龙湖旅游度假区、南部工业产业区、中部都市休闲农业区互动发展,全面提升城镇化水平。完善基础配套设施,积极推进水、电、气等基础工程,通过大力实施全镇自来水并入宁波大网、生活污水处理提升工程、重点电力项目和天然气到户工程,有效提升全镇基础设施功能。引进金融机构、大型超市,方便居民生活。加快推进公共服务中心建设,实现从乡镇管理向城市管理、城市服务转变。设立行政审批中心,作为镇政府集中行使审批职能的专门机构。组建城市综合执法中心,加强对街道环境的整治。充实和完善就业保障服务中心,提高服务能力。筹建应急维稳中心,提高突发事件处置水平。

　　澥浦镇要加快推进老集镇三期改造,全面推进开元十七房二期建设。以329国道和澥浦大河为十字轴,加速形成以国道、地铁、河道为网络的环境良好、管理规范、居民集居的新城镇中心,加快建设配套设施完善、生活便捷的商业配套服务新中心,进一步加快拆迁改造和集居点建设,促进人口合理集聚。按照区域村庄布局规划,加快建设集中居住区、居住点。按照"东离西扩、南融北接"的发展要求,完善空间布局。充分利用村庄布局调整以及轨道 3 号修建的有利时机,适当调整《宁波市镇海区澥浦城镇总体规划(2010—2030)》,将镇中心设置沿 329 交通轴布置,在 329 国道以西沿山—觉渡片区建设全新的居住、商贸和公共服务中心,形成制高点,辐射四周,带动区域重点向西转移。利用宅基地置换的方式,重点建设十七房、觉渡、庙戴三个居民居住区,形成人口合理集聚。争取区政府支持,将十七房、觉渡、庙戴三个居住区纳入区政府重点建设工程。三个居住区要坚持高水平规划建设,着力建成社会和谐、生态平衡、资源节约的新型居住区。三个居住区计划到 2020 年全部建成,并同步完成配套设施和环境设施建设,届时入住居民将拥有良好的生活环境。限价商品房主要集中用于解决中低收入普通群众的住房需求。实施和完成岚山、湾塘两村整体搬迁工作。进一步完善土地征收及房屋征收拆迁补偿安置办法,妥善解决好村民住宅及村集体物业具体安置方法以及村民社保医保等缴纳问题。对搬(拆)迁居民可采用建造高层公寓或多层公寓以及货币安置等方式,以实现节约土地,提高土地利用率。

(三)人文生态提升工程

九龙湖镇大力推进"两转一升"素质提升工程。通过农业产业化经营,加快农民从土地耕作者向土地经营者转变;大力发展民宿经济,增强农家乐餐饮业竞争力,加快农民从生产者向管理者转变;发展影视文化和休闲旅游业,加快农民从一产向三产转移;全面提升居民素质,实现从农民向市民的转变。整合节庆资源,积极彰显九龙湖运动休闲度假特色,打响九龙湖国际半程马拉松赛品牌,集中全力办好九龙湖半程马拉松赛、九龙湖文化节。依托九龙湖开元度假村,争取中心城区支持,积极承办中国开放论坛,吸引国内外专家名流参加,将开放论坛作为九龙湖文化节的核心,不断扩大九龙湖在全国的影响。争取中心城区支持,修建九龙湖战国文化遗址馆,挖掘战国文化内涵,提升文化影响力。创办"九龙湖杯乡村美"摄影大赛,吸引国内外摄影师以及爱好者参加,充分展现九龙湖的山美、水美、人更美的乡土风情,不断扩大区域影响力。利用九龙湖徒步节,倡导健康休闲新理念,吸引宁波市区及周边县市居民来九龙湖旅游观光或居住。继续办好九龙湖葡萄节,以"牵手葡萄盛会,相约魅力湖畔"为主题,开展葡萄采摘、葡萄王评比、葡萄摄影大赛、醉美葡萄酒酿造大赛等活动,使农业和文化旅游业充分结合、共同发展,实现农民增收。适时筹办薰衣草创意文化节,推出就餐、住宿等活动,使旅游者与自然亲密结合,深入感受都市庭院式的浪漫氛围。配合房地产开发项目,建设一座设施一流的中学,采用与名校合作的方式,较快地提升办学层次与水平。广泛开展各类精神文明创建活动,坚持核心价值引领,将勤劳致富、文明和谐等核心理念融入美丽乡村建设之中。积极培育"龙文化",打造各具特色的"舞龙"队伍,大力完善体育设施和便民服务中心,极大地丰富村民的业余文化生活。从增强社会主义核心价值引领入手,实施农村思想道德建设项目,以高尚情操塑造人。适当增加镇文化中心编制,开展多种形式的文化教育活动,充分发挥镇文化中心站的作用。开展"强居民素质,做文明市民"活动,提升居民素质,推动农民向市民转变。

澥浦镇应把改善生态和改善民生放在同等位置,必须予以优先考虑,按照"生态经济和谐双赢、人文自然协调共生、山水城林美景相融"理念,扎实推进美丽乡村建设,着力打造示范性森林城镇,形成山青、水秀、树绿、花香的美丽景观,使绿地率、绿化覆盖率以及人均公园绿地面积在全镇海区处于前列。根据城镇布局调整的要求,加筑生态林带,让"创森"红利惠及更多百姓,不断提高百姓幸福指数。计划用 5～10 年时间,种植水杉、池杉、香樟、湿地松等乔木,连接断点,将海天林带拓宽到 400 米以上,沿带设置一定数量的凉亭、廊桥等。在化工区外侧建成一条疏密有致、架构整齐、连贯一致、生态生活兼顾的森林防护带,发挥其生态屏障、生活休闲作用。城镇中心区通过组织全民义务植树活动,广泛开展城市绿地认建、认养、认管等多种形式的社会参与绿化活动,并建有各类纪念林基地。广泛吸收社会资金,建立绿色碳基金,用于森林城镇建设中的山地造林、大公园、大江河、大通道以及块状绿化等碳汇造林。多方位筹集资金,加快河道整治。近期重点对慈镇运河、万弓塘河、觉渡大河等三条主要河道进行整治。加强依法治理,确保河畅、水清、岸绿、景美、宜居目标的实现。加大环境整治力度,切实改善生态环境。加强对化工、酸洗、电镀等重点行业污染排放的管理和整治。全面推进清洁生产,对高污染、高能耗、高排放、低效益、低产出的企业实施关停并转。完善区域环境监控网络,加强危化品车辆运输监管,加大对污染物排放的执法检查和处罚力度。三年中计划推进觉渡李家、王家、洞桥、庙戴曲塘、桥里戴等自然村庄生活污水整治项目。划定畜禽养殖禁养区、限养区,完成沿山大河两侧等禁养区域畜禽养殖场(户)关闭拆除工作。

(四)产业转型升级工程

九龙湖镇应加大企业转型升级力度,全面建成九龙湖集中酸洗中心。发挥优势,加强特色产业和优势产业的发展,促进产业结构调整和产业层次提升,增强经济活力,提升城镇产业竞争力。做强做优紧固件产业,不断夯实城镇化物质基础。在沿山大河南侧、九龙大道西侧区域,规划建设占地约10公顷,集展会展销、商贸服务、检测研发、电子商务、价格发布、金融服务六大平台为一体的紧固件总部经济集聚区。加强公共服务平台建设,提升紧固件综合服务楼运作,积极推进紧固件集中酸洗中心建设,进一步完善紧固件园区布局规划和道路系统,实施局部地块中小企业布局调整和基础设施配套工程综合改造,着力提升紧固件产业发展承载力。从完善激励政策入手,设立节约集约用地奖,建立项目会审制度,发展紧固件产业,壮大新兴产业,实现提升工业经济发展质量的目标。做优做精都市休闲农业,不断增加农民收入。积极探索土地流转制度改革,建设国家现代农业示范区,推进粮食蔬菜生产功能区、主导产业集聚区和绿色都市农业示范区建设,壮大现代种业、远洋捕捞业、农产品加工业、休闲农业和生态循环农业。加快传统农业向都市休闲农业转型,加强农业基地建设,深入挖掘农业基地休闲观光功能,着力提升葡萄、草莓等休闲采摘园基础设施水平,举办新一届葡萄品尝周活动,打造"夏品葡萄、冬摘草莓"休闲旅游目的地。大力推进"九龙十八庄"建设,不断形成"一庄一精品,一品一香味"的区域特色。建立健全农产品质量追溯体系,不断提升农业系列产品包装营销水平,着力打响区域品牌。按照优质、高效、生态、安全的要求,加快农业生产理念转变,提高农产品质量安全标准,建设有机农产品基地,提高农业效益,增强对宁波大都市的服务能力。

澥浦镇应按照产城融合的理念,坚持高标准、高起点要求,加快茅塘山工业区块和庙戴工业区块基础设施建设,推动产业集聚发展,全面提升现代服务发展水平。大力发展现代服务业,增强为宁波石化区综合配套服务的能力。利用老城改造之机,全面提升传统商贸服务业,逐步形成特色商贸服务产业带。大力发展现代服务业,培育一批银行、担保等金融业,引进一批会计、法律、培训、策划等中介服务业,发展一批贷代、运输、仓储、电子商务等现代物流业,全面提升为宁波石化区综合配套服务的能力。继续加强与宁波化工区的合作,拓宽合作领域,进一步探索区域联动、和谐发展工作长效机制。引进成套设备、机械零部件以及新材料、新能源等先进制造业,打造效益高、产业优、设施全的先进制造业基地,大力实施"大企业集团"培育工程,鼓励企业组建营运中心、投资中心、结算中心和总部经济,加大企业集团对外投资和控股的力度。

(五)美丽乡村建设工程

九龙湖镇、澥浦镇应加快制定美丽乡村建设规划,强化规划的引领作用,坚持先易后难、分类指导的原则,加快实施美丽乡村建设,灵活运用整治改造型、集聚发展型、城镇社区型等多种模式,培育"一村一品、一村一景、一村一业、一村一韵"格局,彰显每一个村庄的特色和个性,实现村村优美、家家创业、处处和谐、人人幸福,提升自身新形象。

九龙湖镇全面推进"五片区"联动发展,完善"三轴四点五片区"的村庄布局。河头(田顾)片区以九龙家苑项目为主,依托御水龙都项目,着力打造城镇化集居区;田杨陈、西经堂两大片区以集中居住区项目为主,突出城镇化居住特色,着力打造城镇居住辐射区;长石长宏、汶溪中心两大片区以集中居住区和村庄保留改造项目为主,分别突出农村新貌、历史文化、休闲居住特色,着力打造农民新居和旅游景点特色区。注重"四点"特色发展,西河、杜夹岙集居点以田园化理念进行保留改造,适当考虑私人建房。长胜、横溪集居点结合旅游开发进行规划完善,力争将四个点打造成为镇海区新农村农房改造的亮点。同时以九龙大道、汶骆路和沿山路三大轴线的环境整治改造为依托,实现沿线道路畅、乡村环境美。启动"美丽九龙湖"形象设计与策划行动计划。加强与国内外著名美术院校的合作,在乡村品牌、乡村形象、乡村色彩、创意产业等方面开展全面设计与策划,深入挖掘山水自然资源、人文典故的历史内涵,沿路、沿河、沿山打造新景观,以强烈色彩视角吸引人,增强文化氛围,提升九龙湖新形象。配合"美丽九龙湖"环境整治三年行动计划,通过网格管理、双网互动、市场运作、目标管理等举措,加速村容整治,全力打造河道清洁秀丽美、村庄整治环境美、道路畅洁形象美。

澥浦镇加大美丽乡村建设力度,推进澥浦湾塘、岚山新农村建设。加强农村环境整治,推进农业设施用房和农田环境整治,完善农村环境卫生管理长效机制,开展美丽乡村示范创建。大力发展现代特色农业,不断夯实城镇化物质基础。按照"一园一带两基地"都市农业发展格局,建设特色农业精品园,扶持花卉蔬果产业,推动农家乐发展,引导岚山草莓基地、湾塘农庄、核星农场、岚山水库、爱蜜丽花卉等精品农业项目良性发展,走品牌化经营之路。推动土地流转工作,引导土地向农业园区和种养能手集中,提高农业规模经营、农民增收和组织化程度。培育新型农业主体,发展壮大一批家庭农场,建设一批竞争力强、经济效益好的项目。拓展农业功能,发展生态农业,为城市营造优美怡人的绿色生态景观。

二、完善和加强规划引领

按照"多规融一"的要求,依据《宁波市新型城市化规划(2014—2020年)》《宁波市城市总体规划(2006—2020年)》(2015年修订)、《宁波市国民经济和社会发展第十三个五年规划纲要》、《宁波市土地利用总体规划(2006—2020年)》、《镇海国民经济和社会发展第十三个五年规划纲要》等规划,编制《九龙湖—澥浦镇卫星城总体规划》,明确九龙湖、澥浦镇卫星城建设功能定位,确立城市化发展方向和目标,为卫星城建设提供科学依据和保障。同时,制定《九龙湖镇创建卫星城三年行动计划》《澥浦镇创建卫星城三年行动计划》,加快推进卫星城建设。

三、加大政策扶持力度

市、区两级党委,政府加大对九龙湖镇、澥浦镇创建卫星镇的政策扶持力度,理顺管理体制,支持两镇申报下一轮宁波卫星城工作。用足、用好创建卫星城的相关政策和法规,赋予二者部分区一级的经济社会管理权限,实现权力与责任相匹配,并完善公安、工商、国土、规划、城管等派驻机构,延伸区一级管理权限,实现管理前移。夯实九龙湖镇经济基础,拓宽城镇化发展融资渠道,完善融资政策平台。建立九龙湖镇、澥浦镇城投公司,将其作为投融资运作平台,赋予其区一级城投公司的投融资职能,负责建设筹资、投资和资产经营等工作。完善金融服务体系,支持金融机构在两镇增设分支机构,加大信贷投放力度。

四、推进土地使用权流转

借鉴先进地区的有关经验,尽快出台《镇海区开展新一轮推进土地流转政策意见》,鼓励与支持九龙湖镇、澥浦镇开展土地流转的大胆试验;鼓励与支持九龙湖镇、澥浦镇开展以宅基地换房的探索,完善土地征收及房屋征收拆迁补偿安置办法等配套政策与制度;支持九龙湖镇、澥浦镇土地经营权向专业大户、家庭农场、农业企业等经营流转集中。指导建立九龙湖农村宅基地收储中心,完善村、镇、区三级土地流转平台。实施农村集体建设用地、闲置地等的整理复垦,积极通过闲置土地调剂置换、建设标准厂房和土地综合开发等方式,进一步盘活城镇建设用地,提高土地的集约利用水平。

五、建立"三级联席会议"制度

成立由宁波市政府有关职能部门、镇海区、九龙湖镇、澥浦镇以及宁波石化经济技术开发区参与的"三级联席会议",协调和解决两镇卫星城创建工作中出现的重大问题。联席会议由宁波市发展和改革委员会牵头,根据工作需要定期或不定期召开会议,原则上每年召开一次例会。其主要职责是就政策实施、项目安排、体制机制创新等进行协调与沟通。同时,继续推进(石化)区镇联动新模式,扩大联动新领域,及时、妥善地解决卫星城创建过程中出现的新问题。

第八章　坚持规划统筹,强化多重保障

城市空间作为各经济要素流动、配置、整合的载体和场所,是从事各项经济活动的必要条件。当城市空间结构处于良好状态时,能够"地尽其用",城市聚集经济效益达到最大,城市各种经济活动资源配置趋向帕累托最优状态。优良的城市空间结构吸引着企业以集聚的方式发展;而当城市空间结构处于不合理的状态时城市发展的良好状态被打破,城市总体的聚集效应下降,甚至达到聚集不经济,居民和厂商的发展热情降低,城市加速衰退。当然,如果及时采取措施调整城市空间结构,则城市又会重新回到良性发展状态,即提高城市聚集经济效应,促进城市的重新繁荣,实现生产空间集约、生活空间宜居以及生态空间绿色。

镇海撤县建区后,城区发展主要为以城关为中心的县域发展模式。进入 21 世纪,这种模式难以适应新的发展形势,在宁波快速城市化和工业化进程的背景下,将会大大影响城市的运行效率和效益,造成社会和经济发展停滞,城市社会和自然环境趋于恶化。为保障城市健康发展,镇海进入新一轮城市建设和发展时期。根据新一轮宁波城市总体规划的布局结构,镇海行政区域范围分别位于三江片和镇海片,为了解决长期困扰镇海发展的环境、空间等问题,协调镇海各功能区块的发展,镇海区的总体规划也进行了多次修编,以科学指导镇海区空间结构建设。为了使镇海区空间结构优化策略得以顺利实施,本章分别从强化理念保障、强化规划统筹、强化制度保障和强化要素保障四个方面提出了相应的政策保障措施,以期为镇海空间结构优化发展提供支持。

第一节　强化理念保障

空间结构是复杂的人类经济、社会、文化活动和自然因素相互作用的综合反映,是城市功能组织在空间上的具体表现。空间优化的水平和程度,直接影响并决定了区域协调发展的进展和效果。空间结构优化的过程,要始终坚持生产空间集约、生活空间宜居以及生态空间绿色的科学理念。

一、遵循产业联动、集约发展理念

镇海作为临港区域经济腹地范围的一部分,应进一步完善功能空间布局发展规划。通过细化其功能、经济以及社会效应,进行空间布局的改造和更新,使港口与城市在功能与布局上更加贴合,提高运营效益,实现产业统筹协调发展。同时,要推进镇海经济结构转型升级,提升产业核心竞争力。通过提高科技对区域经济发展的贡献率,推进区域经济发展从粗放型向集约型的转变。对工业用地和交通用地进行合理规划,包括新兴战略性产业集聚空间规划、区域经济管理职能规划、专门化服务业空间规划等。结合产业转型升级、轨道交通建设等需求和腹地空间竞合格局,不断完善、全力优化城市空间和功能布局。开展存量土地清理整顿工作,盘活各种无效、低效利用空间;加快占地多、能耗高、污染大的低端加工企业关停并转,吸引高端制造业等入驻。

二、遵循人居空间宜居理念

合理调整产业空间与宜居环境相协调,保护未污染空间,提高宜居品质。严格保护尚未被石化产业侵占的沿岸空间,从科技、流程、集聚、循环等方面改良传统的石化产业,确保城市的人居品质。采用高端技术武装港口设施,采用一体化的生产体系和后勤服务,以节约资源和空间,降低港口发展对空间的需求。设定空间的准入标准,鼓励临港空间的混合用途开发,妥善解决临港空间的营利性与城市空间的公益性之间的先天冲突。

根据镇海的实际情况,一方面要合理布局工业区与城市生活区、商务区,尽量减少直接的相互干扰;另一方面要在现有布局基础上,通过不同功能区之间界面的防护隔离措施,弱化临港产业对居民区环境的干扰。建立多种层次的公共空间,通过植入市民日常沟通、交往和休闲活动所需要的城市公共空间,将生硬的临港工业区变为适合现代人居住和生活的场所,激发居民对城市文化的参与感和认同感,促进社会和谐发展。

三、遵循生态空间低碳绿色理念

科学发展观是当代生态保护的战略思想。生态环境跟人类的发展息息相关。如果生态环境遭到了破坏,发展也不可持续。所以,以人为本,是生态保护的必要条件。对生态问题的治理不仅仅是片面地遵循生态环境的抽象理论,更要统筹经济建设、政治建设、文化建设和社会建设,要实现城乡发展、区域发展、经济社会发展、人与自然和谐发展、国内发展和对外开放之间的动态平衡。

对于镇海的临港产业要改变其大量生产、大量消费、大量废弃的发展模式,通过对节能、低碳能源的利用,提高资源有效利用。居民要改变以往通过大量消费寻求生活富足的习惯,企业要改变以往奢侈型的人均碳排放水平。通过经济社会体制的变革,实现价值观的转变,为构建低碳社会创造条件,实现人与自然和谐相处。坚持绿色低碳发展,就是要依靠结构调整、技术创新和管理优化,加强生态环境保护与污染防治,集约利用资源,不断提高能源利用效率和清洁能源、可再生能源利用比重,实现低污染、低能耗和低碳排放基础上的高效发展。

第二节　强化规划统筹

首先,需要明确镇海承担着宁波市作为华东地区重要的先进制造业基地、现代物流中心和交通枢纽,以及浙江省对外开放窗口和高教、科研副中心等重要职能。其次,其发展目标是依托临海、临港资源、教育科技资源、自然风景和历史文化遗产资源,以发展大型临港工业、无污染的高新技术产业、科研和教育等第三产业为产业发展主导,建设成为以新城为载体的宁波中心城北部商贸商务中心、以老城为载体的浙东生产性港口物流中心、以宁波化工区为载体的国家级石化产业基地。同时大力发展旅游产业。最后,根据其职能与发展目标对镇海区的空间结构进行强化规划统筹,为实现城市更高水平、更好质量、更可持续发展提供坚实保障。

一、制定城市交通基建规划

完善的基础设施是城市发展的重要支撑,要完善城市交通网络,处理好居民出行和城市经济建设之间的关系,需要实现以下几点目标:①对镇海的交通网络和主要通道进行科学布局,为社会经济发展提供强劲支撑;②加快完成城市交通与物流通道布局的分离,使物流网络尽量远离居民区,降低对居民生活的影响;③空间结构的开发要严格按照国家相关规定实施,用地向无污染、高效率的新兴产业倾斜,构建绿色环保的生产生活环境;④要保证对居民生活有影响的基础设施与生活区保持一定的空间距离,真正实现空间利用的科学高效,保障镇海社会经济活动顺利有序运行。

镇海对外交通由公路、铁路、港口构成。快速道路与高速道路相互连接形成"三横两纵"的交通骨架,主要承担城市区间交通。城市道路交通由"四横五纵"九条主干道组成。铁路在现有洪镇支线基础上扩建为铁路北环线,跨甬江至北仑区;在镇海新城预留一处铁路客运站(北站),在后海塘预留连接舟山的跨海通道。加强港口集疏运通道的建设,规划结合镇海港区、铁路场站、物流园区,建设由铁路、公路、水运和管道运输构成的大宗货物海铁联运物流枢纽港。针对镇海的实际情况,应做到以下几点:

1.优化交通管理模式,强化交通基建设施

交通管理具有广泛的社会性,涉及许多部门单位,与人民群众生活紧密联系,其中,交通基础设施的建置是改善交通管理最基本的保障。所以政府有必要成立专门管理机构,落实交通管理责任制,逐步使交通管理走向社会化。有关部门在城建过程中要严格保障道路铺设的技术标准和路面质量,加快干线道路的改造,有计划、有重点地修建汽车专用道,实现机动车和非机动车的分离,缓解混合交通引起的矛盾。除此之外,还要通过改变投资渠道和建设方式,完善交通标志、标线与信号管制等配套交通设施。

2.加强交通法规建设

交通法规是交通参与者的行动指南,它体现了国家和地区的交通政策。法规不健全是造成驾驶员麻痹大意、投机取巧的一个因素,也是交通安全的一个隐患。交通立法对保证交通安全、正确处理交通参与者之间的关系很重要。参照国际上交通法规的模式,逐步建立和完善交通安全法、道路法、停车法、车辆轮胎法、道路运输法等交通法规。

3.建设智能交通系统

在城市智能交通系统优化方面包头市率先作出了示范。2014年建成智能交通系统,建成包头市停车场信息管理系统(该平台具有视频播放、停车场查询、监控录像、交通公告发布、交通事件发布、停车场备案流程查询、经营者服务七大功能),基本实现了车位预定、全民参与发布共享交通事件、动静态交通信息采集发布等需求,这一电子平台体现了智能停车的理念,有效缓解了因停车而造成的道路拥堵。智能交通检查站的投入使用,实现了对包头东、南、西三个方向的进出口的严密把关,配合市公安局的"三台合一"系统,形成立体的交通治安管理模式,有效改善了包头市交通、治安环境。智能配时优化通行效率,面对驾驶人和车辆大幅增长而道路增速相对滞后的交通形势,交管支队通过实施交通管理智能化,争时间、争资源、争效率,最大限度地提高道路的通行能力。

随着信息技术的普及,镇海应大力推广使用智能交通系统,充分利用集卫星定位技术、地理信息技术、数据传输技术等先进技术于一体的全新高科技系统,实现人、车、路的密切配合。通过全路网的信号控制系统,对交通流进行优化,以此提高交通安全性和驾驶舒适性;对交通事故地点实行有效的交通管制,并及时给其他驾驶员提供交通管制信息,防止因交通事故引发交通阻塞等连锁问题,提高交通效率。

4.合理配置交通资源

以哥本哈根市为例,该市从交通投资、非机动车配合、价格杠杆等三个方面配合城市的土地利用开发。交通投资方面,针对由城市郊区化导致的轨道交通搭乘率的下降,政府出资投入了更多的巴士服务,以连接走廊之间的新城以及走廊内距离轨道交通车站较远的地区。非机动车配合方面,市中心保留了中世纪的建筑与街道,同时积极发展自行车交通各个环节的网络建设,鼓励自行车交通。在价格杠杆方面,通过一系列的税收政策来抬高小汽车的使用成本,抑制私人小汽车的拥有率增长。

交通系统的建设以及各项交通资源配置的改变都影响着各个城区的可动性、可达性以及出行的时间,从而塑造城市空间结构交通的特性,因此,交通方式的改进和交通系统的建设共同引导了城市空间结构形成和城市空间结构发展。镇海应充分发挥宜居宜业的思想,用激励等手段鼓励环保出行,优化交通资源结构,塑造良好的城区秩序,使可持续发展的思想贯穿于居民的日常生活。

二、制定城市生态环境规划

城市居民生活水平的提升,以及重工业的发展对环境造成的很明显的破坏难以短期内排除与修复,这使得城市生态建设成为城市经济发展不容忽视的重要因素。虽然应对环境变化、治理大气污染是一项长期而艰巨的任务,但是仍不应对此抱有悲观的态度。从国际经验来看,曾经的"雾都"英国伦敦和"钢都"美国匹兹堡,都从重污染城市转型为生态型城市,经济结构也得到了高度优化,成为现代生态文明城市的代表。

　　国内以钢铁工业为主的工业城市马鞍山,建市初期,山陵多荒芜,河湖多淤塞,雨山湖水域面积较小,雨山河、慈湖河等长江支流流量小,生态破坏、堵塞严重。经过对城市进行有效管理,以不破坏重要的不可再生的自然资源为原则,马鞍山市逐步实施产业结构调整和经济转型,由单一的钢铁工业生产走向了全国钢铁工业重要基地,进而又向长江中下游地区重要的现代加工制造业基地和滨江山水园林城市迈进。马鞍山市工业区建设与生活区建设保持带状平行发展,功能区内自然条件保存良好,这得益于实施了科学的城市空间环境优化策略。第一,疏通生态城市内环,一方面开通慈湖河与采石河上游之间的运河,另一方面建设河流两岸的生态绿地,并大力开展内环生态旅游和黄金水岸休闲娱乐游建设。第二,建设宁芜铁路带状生态林,建立生态防护林体系。马鞍山市开展道路的生态廊道建设,进行科学化种植,先后获得"全国文明城市""国家卫生城市"等称号。

　　回看镇海的绿色生态走廊,其由防护绿地、基本农田、河流水体以及园林苗圃等基本要素构成。在城市生态环境整治方面应实现在绿色生态走廊范围内,严格控制现有的村镇扩展建设用地,不发展成片的居住用地和产业用地;可发展生态农业、各类生态公园、运动场地、游乐场等公共休闲设施用地,同时应符合城市总体规划对绿色生态走廊保护和建设以及其他的相关规定。将城市空间布局模式形和量的优化、城市空间布局模式质的变化、城市空间布局模式内部作用机理的变化、低碳城市交通结构和城市空间结构的变化进行有效结合。根据镇海的实际情况,结合国内外各地的经验可以做到以下几点:

　　1.充分发挥市场机制的作用,推进节约用水和水污染防治

　　要加大节水技术和设施的普及推广力度。以污水资源化为目标,加快污水处理设施的建设步伐,加强中水回用技术与设备的开发应用,处理好设施布局集中与分散的关系,注重污水处理的安全性和生态效应,努力建设成节水防污型城市。

　　2.加强城市绿化建设,大力改善人居环境

　　加强城市绿化建设,是城市生态环境建设的基础性工作。要制定城市绿地系统规划,推进城市绿化建设,从当地实际情况出发,宜树则树,宜草则草;城市绿化要鼓励采用节水技术和废水利用,尽可能减少绿地养护的水消耗;要建立并严格实行城市绿化管制制度,坚决查处各种挤占城市绿地的行为。

　　3.加强城市环境综合治理力度

　　要积极创造条件,加快旧城有机更新,坚决关停或迁移城区内污染严重

的项目,清除违法违章建筑。要促进建筑节能技术的普及推广,以低污染、低能耗为目标,实行公共交通优先的城市交通政策,推进现代通信技术在城市公共交通调度管理中的应用,积极促进城市交通组织和管理的现代化。

4.围绕改善人居环境的关键领域,加强科技创新

建设科技工作必须围绕人居环境质量的改善,研究气象环境与规划布局、基础设施建设与生态环境之间的相互影响和相互关系,努力控制城乡建设活动可能造成的污染。

三、推进产业结构升级规划

港口城市既有港口的功能,又有城市的功能,港口是城市功能实现的重要依托,城市功能的发展需求影响港口功能定位。我国作为发展中国家,应大力提高第二、三产业构成比例,外向型产业快速向港口核心区域聚集,城市经济快速发展,城市功能多元化,带动产业结构改变,由此驱动城市空间结构演变。镇海作为临港区域产业空间重构的重要载体之一,吸引了大量的工商业集聚,加快了经济的发展,也带来了很多环境问题。

随着环保意识的不断提升,打造环境友好型临港区域空间格局与产业配置显得越来越重要。遵循空间系统发展的内在规律,增强空间结构的有机组织性,将粗放、低效开发较变为有机、高效开发,是目前镇海空间结构优化面临的重大任务。为顺利完成此任务,在镇海城市空间结构优化过程中需要兼顾效率与环保。要强化从源头防治污染,严格临港区域产业准入门槛,提高技术标准和环保标准,有选择地发展重工业,严格控制高能耗、高污染项目的建设;把临港区域产业项目节能减排工作摆在突出的位置,认真落实各级政府对于节能减排的部署,鼓励引进和使用国际一流的绿色生产装备和生产线,重点发展具有服务性质的高端产业,走循环发展、绿色发展的道路。

临港服务业是临港区域经济发展的重要依托和着力点。随着产业结构的优化和落后产能的不断淘汰,临港服务业发展将成为临港区域产业空间结构优化的重要契机。临港服务业的发展不仅能够提升临港区域产业的质量,还能提高临港工业、制造业企业的水平,优化临港区域产业结构和空间布局。因此,在镇海城市产业发展与空间布局过程中,应促进制造业优化升级,推动工业企业二、三产分离的需要,大力发展以金融服务、科技与信息、文化产业、服务外包、电子商务等为重点的生产性服务业,加强信息化建设,以服务拉动城市经济的快速跃升。

第三节　强化制度保障

临港区域空间优化很大程度上依赖政府政策的导向,我国是社会主义国家,更加决定了城市的发展规划取决于政府。国家对港口经济的大力支持所提供的相应优惠政策,对于港口航运业的发展以及扩大对外贸易、港口与腹地区域的经济发展具有不可替代的促进作用。我国改革开放以来就对沿海港口城市实施开放政策,但港口发展情况不尽相同,究其原因主要与地方政府的重视程度、改革的力度和决策能力有关。对于临港区域这样对外开放、经济活动频繁、空间反应敏锐的地域系统,国家的政策对该区域的空间结构演变导向作用更加明显。

一、案例

世界上著名的港口城市大多都经历过因港而兴、因港而衰,但再次因港而兴的城市并不多,汉堡则是港口城市成功转型的典范。[①] 从 20 世纪 60 年代起,汉堡城市发展用地的紧缺与老港区的土地闲置就形成鲜明反差。1997 年,汉堡启动全欧洲最大规模的旧区改造工程,老港区变成活力四射的港口新城。在此过程中,政府制度协调机制与城市空间重构的协同演化,推动了港口新城的开发和建设。为了开发港口新城,汉堡市专门成立了港口和经济中心发展公司,到 2004 年起改名为港口新城有限责任公司。该公司的主要任务是经营和管理汉堡城市和港口的特殊资产,即汉堡州属的港口新城地区的土地资源。公司是汉堡政府的委托派出机构,全权负责港口新城的开发工作,有一整套公共监督、协调和分工体系。

通过了解德国汉堡城市转型的产业—空间—制度协同演化的过程,我们发现汉堡城市转型紧紧围绕着港口功能和港口区域展开,并制定了一系列城市产业转型过程中需要的空间载体支撑和政策与协调机制保障措施,而且在传统优势产业上实现了升级,坚持实行可持续的空间开发计划,注重政策的系统性与协调性。[②] 汉堡的成功转型,政府的制度与协调机制发挥了

---

① 王宇,高晓明.城市港口区域空间的复兴——德国汉堡新城"城市空间设计".工业建筑,2016,46(2):5-8.

② 林兰.德国汉堡城市转型的产业—空间—制度协同演化研究.世界地理研究,2016,25(4):73-82.

重要作用。在相关行业培育、发展与崛起的过程中,地方政府在集群打造,行业协会支持,高端人才与产业工人的培养、供给等方面发挥了巨大作用,有效支撑了汉堡产业和空间的转型发展。在新兴产业培育方面,现代物流、传媒和信息技术、可再生能源等产业的发展和转型升级都得到了政府相关政策的扶持。

二、借鉴和启示

在汉堡的城市成功转型案例中,我们发现有一些有益的经验值得镇海在强化空间优化制度保障方面借鉴。

1.在充分利用原有产业优势的基础上培育战略新兴产业

汉堡因港而衰又因港而兴的发展经验表明,应注重对原有支柱产业的继承,而不是盲目更替支柱产业,应注意传统产业与高新技术产业之间的结构平衡问题,通过战略性调整,选择所占比重大、综合效益高、增长潜力大、能带动地区增长、推动产业结构向高度化演进的传统产业加以扶持,通过技术改造实现传统产业的升级演进。

2.制定改造优于重建的空间发展战略,并辅以相关制度与机制保障

在空间转型过程中,汉堡政府并不关注城市土地开发的一次性高额收益,而是注重形成良性示范效应并为城市未来发展提供可持续的空间支撑,对包括港口新城在内的重点建设区域都采取了继承性开发的策略。因此,承接城市空间结构框架,保留城市标志性建筑物与文化符号,将其与城市未来空间发展规划融为一体,是实现城市资源可持续利用和健康转型升级的关键。

3.科学确定转型发展方向,注重城市转型政策的系统性和连续性

城市转型牵涉产业—空间—制度协同演化的问题,应最大限度地避免未进行充分规划和设计的投机性建设,避免缺少反馈性意见的冒进型建设,协调城市的改造质量、规划目标和建设进度,以实现城市转型建设规划方案的优化和完善。

三、强化镇海空间结构优化体制保障

政府部门在临港城市空间结构优化治理中具有主导作用,其保障体制的设定主要集中在五个领域:物流系统规划的编制、重要公共基础设施的投资和建设、相关规则的制定、公共服务提供以及协调机制的完善。

(一)物流系统规划的编制

物流活动存在规模化和网络化,物流活动之间有集约化和协同化,但世界各国的区域物流发展实践显示物流的低效和不可持续发展这两个重要的

问题,这突出了区域物流规划的重要性。政府在区域物流规划,尤其是陆向区域物流规划中具有主导作用,引导临港城市的空间结构优化转型和城市经济的正常运作。[1]

(二)重要公共基础设施的投资和建设

海陆向的物流公共基础投资规模大、收益低,譬如海上的公用航道疏浚、防波堤、锚地等基础设施的建设和维护,陆上的海铁联运网络、密集的公路运输网络的建设和维护。这部分属于市场失灵领域,应该由区域各级政府协同努力完成。但在很多情况下,由于缺乏足够的资金渠道,并且政府职能不明,尤其在私有化进程中,常会出现政府缺位和越位共存的现象,因此也会要求企业承担这些社会责任。这不仅加重了企业负担和经营风险,而且由于企业运作中的营利目的,难以体现区域发展的战略需求,给港口、城市和区域发展带来风险。因此,镇海应该加强建设重要公共基础设施方面的保障体制,并出台相应的责任分摊机制,与企业实现对重要公共基础设施资源的共治。

(三)相关规则的制定

1.空间置换政策

在城市空间中,不同区位地租各异。各类产业支付地租能力的悬殊差别,会自动影响产业根据其效用偏好进行区位选择。产业的区位选择影响着城市的空间布局与功能分区,为此,政府可以通过制定产业准入、产业联动、产业布局的相关政策,来引导产业选址,如中心城市"退二进三"的产业空间置换政策。[2]

2.竞争市场政策

努力保障企业作为跨越行政边界构建整合的海运物流网络和一体化的物流服务市场的主体的作用。他们能够灵敏地感知区域和全球物流发展趋势;期望"货主"这一共同客户满意地共享终极目标和整合的物流服务供应链思想,使企业间容易达成行为上的协调;货主、船公司、内陆物流中心和大型货运代理都对海运物流体系具有不同程度的话语权,最大限度保障市场的完全竞争程度。

---

① 庄佩君.全球海运物流网络中的港口城市——区域:宁波案例.上海:华东师范大学,2011.

② 方维慰.城市空间结构政府治理的优化.学海,2014(6):132-137.

(四)公共服务提供

当前,城市管理正由政府的统治转变为政府机构和非正式、非政府机制的协调治理。通过对城市的治理,城市居民和各类组织可以各抒己见,并加入城市建设中,政府也可以通过开展民意调查,倾听民心,为群众解决实际困难。政府有关部门还可引导企业承担公共性的服务项目,一方面帮助企业提升信誉度,另一方面为当地居民带来好处。除此之外,政府应设立新型的扁平化的管理机构,其分支广泛地分布于镇海发展的各主要领域,并和现有城市管理机构相配合。建立快捷、准确的信息传递机制,在这种信息传递机制中,市场情报应能被广泛搜集,减少信息传递层级,确保信息传递的快捷性和准确性,并及时向公众公布最前沿的信息,充分体现政府服务人民的性质。

(五)协调机制的完善

政府部门之间,尤其是同一行政区划的相关部门之间,应建立扁平化的组织结构,减少层级化组织设计,建立常设机构和常态协调制度,专门协调物流发展中的问题。鼓励政府部门内公务员以个人或集体参与广泛的公共行政,形成正式或非正式的一系列联系。物流管理相关政府部门的行政事务人员对物流效率和供应链理念、共同的运作程度和范式应具有共同的认知。提倡公务部门与公民个人广泛参与公共行政,增加公民个人与行政人员之间的直接接触和互动机会,建立支持与合作。公民和公务员是海运物流网络的各行为主体单位或个人的代表,他们之间的系列联系有助于公共事务的处理。当然在区域物流规划的编制过程中要吸纳港口物流共同体其他成员意见,使之成为规划决策的重要组成部分。

第四节　强化要素保障

镇海区已进入一个新的历史发展阶段,必须以更高标准来改造城市形态和城市功能,使其符合建设现代化新中心城区的目标要求。要立足解决突出问题,整合现有优势条件,着力营造城市风格,实现整个产业布局与城市建设渗透融合。当前着重要从以下几个方面强化保障空间结构优化工作。

一、强化资金保障

拓展资金来源和市场规模是临港区域经济腹地空间优化的重要方向。资金条件能够直接影响城市经济的发展,进而影响经济地域的运动;而市场则从消费规模、消费结构、消费水平等方面影响和引导着产业结构的调整与变化,影响着经济地域运动的方向和速度。城市的经济结构体现了社会分工的深度与部门组织的合理程度,是经济长远发展的重要保障,也是带动经济地域运动的重要力量。城市经济增长水平是区域经济发展速度和未来发展潜力的衡量指标,如果城市经济发展迅速,必将加快经济要素在港口—腹地地域系统的集聚—扩散进程,促进系统空间进一步演化。强化资金保障可从以下几个方面进行。

(一)加大金融税收政策扶持

宁波一直致力于营造环境、搭建平台、推动合作。镇海区地方政府已经和国家开发银行展开合作,并在新农村建设、乡镇基础设施方面得到了政策性银行的支持。

金融保险业是镇海区重要的临港产业之一的一个重要产业,为港口直接产业、共生产业、依存产业的生存与发展提供支撑与保障。应开发港口经济,扩展港口功能,发挥港口在综合运输体系和经贸发展中的重大作用。调整港口码头功能和货类结构,建设临港工业区、物流分拨区,提高港口产业效益,以此带动城市经济特别是面向港口产业的金融、商贸、通信、旅游等的第三产业的发展。在此基础上,充分发挥港口城市海洋经济的巨大辐射作用,优化港口的服务质量,强化港口的龙头地位,带动港口城市周边区域外向型经济发展。

(二)大力发展创业风险投资

促进城乡居民持续增收。支持创业带动高质量就业,加强创业教育培训、就业援助,完善就业创业服务体系,促进各类群体稳定就业创业,形成政府激励创业、社会支持创业、劳动者勇于创业新机制;创新劳动关系协调机制,积极构建和谐劳动关系,依法维护劳动者合法权益;完善收入分配制度和劳动报酬增长机制,确保居民收入增长和经济增长同步,劳动报酬提高和劳动生产率提高同步;健全工资决定和正常增长机制,完善行业平均工资信息发布制度、企业工资集体协商制度和工资支付保障制度;完善低收入群体精准帮扶机制,不断提高低收入群体生活水平。

引导企业加大技术创新投入,鼓励企业建立研发机构,健全组织技术研发、产品创新、科技成果转化机制,规上企业建立研发中心的比例达到40%以上。实施科技型小微企业后备梯队培育工程,加大对科技型小微企业在技术创新、科技金融等方面的扶持力度。发展产业技术创新战略联盟,完善产学研用合作机制。进一步完善支持企业技术创新的财税金融等政策,加快推进重大科技成果产业化。

(三)鼓励开展直接融资

镇海新区在建设的过程中存在着社会资金融入少、政府财政投入少、金融税收政策不完善等问题,存在制约瓶颈。政府应充分重视并利用好融资市场,扩大当前存在的融资渠道,提供优质金融服务,尤其要加快破除制约民间投资的体制障碍,给予民营企业与国有企业同等待遇。培育担保中介机构,解决企业融资难题。扶持和培育担保公司,加大对担保公司和金融机构贷款风险补偿的财政扶持,鼓励金融机构扩大对企业的放贷,缓解企业融资矛盾。

在今后的发展过程中,要加大建设强度,加快发展速度,加强后续强有力的资金保障。进一步促进融资渠道的多样化,逐步放宽各区域的融资准入门槛。因此,拓展资金要素的供给渠道十分必要,其关键是创新投融资机制,构建以政府资金为引导、金融资金为支撑、社会资金为主体的多元化、多渠道的投融资体系。坚持技术创新与金融创新"两轮驱动",处理好技术创新与制度创新的关系,促进产业技术与金融资本的有效对接,进一步完善投资环境,拓宽融资渠道。

(四)创新科技金融合作

将金融服务行业与商务联系起来,相互提升各自发展。以新城建设、老城改造为契机,积极发展商务楼宇经济,引进和发展区域性总部经济,大力发展电子商务业,加快建设电子商务平台、基地和集聚区,大力发展科技金融、化工保险、航运保险、绿色保险、股权投资等特色金融服务业。[①]

积极对接上海自贸区,承接自贸区对镇海区航运、港口服务的辐射功能和带动作用。抓住"一带一路"机遇,支持企业"走出去",培育本土跨国企业。加强服务外包政策支持力度,完善跨境电子商务产业链,不断激发镇海区跨境电子商务发展活力。优化招商引资环境,加大优质产业招商选商力度。推进多方位区域经济合作,强化基础设施和信息平台互联共享,主动寻求与省市重点功能区融合联动发展。

宁波港城经济是长三角经济的有机组成部分,其开发建设要与所在区

---

① 魏祖民.镇海区推进产城融合发展的路径模型与突破重点.宁波经济(三江论坛),2014(2):23-26.

域的经济发展结合起来才有广阔的发展前景。根据宁波港口运输条件和腹地货源情况,充分考虑长三角港口的分工、腹地货源结构、进口商品需求结构与宁波市产业结构、宁波港货类结构,建立竞争合作的发展关系,加快便捷通道港口的建设,在临港区建立商品加工基地,港城联手,加强与区域经济的密切合作。在发展城市经济过程中,镇海必须更加重视创新发展,更加重视价值提升,全面把握国家实施全方位开放战略机遇,主动融入国家建设"一带一路"、宁波市构筑港口经济圈等重大战略部署,全力提高全要素生产率,在宁波跻身全国大城市第一方阵的征程上深深地烙下镇海经济的轨迹。

(五)完善服务和基础设施条件

镇海是区域经济的中心,因此有雄厚的经济实力进行基础设施建设,为各种产业和部门的发展提供多而全面的服务条件。不仅有方便快捷的交通网络能够吸引人流、物流和信息流的集聚,而且能够提供配套齐全的基础设施,因而可以吸引更多的商业、饮食、交通、邮电、通信和金融等服务业的集聚,从而使镇海区域经济的发展更加迅速。

二、强化土地保障

城市土地是城市发展的物质基础,是城市生活和生产的重要组成要素之一。由于城市土地的数量有限、位置固定,对城市土地进行优化配置成为城市土地利用的重要课题。另外,在城市土地资源供应趋紧和环境污染日趋严重的双重压力下,对城市土地利用进行空间优化配置是缓解城市土地资源供需矛盾的基本途径。由于城市土地区位效益的存在,土地优化配置的空间是不容忽视的。目前,"3S"(GIS、RS、GPS)技术已经为城市土地优化配置的空间研究提供了便利的技术手段,但还需加强对城市土地空间优化配置的理论构建,如城市土地空间优化配置的原则、评价标准、优化方法等,同时还要加强"3S"在城市土地优化配置中的应用研究,如开发城市土地优化配置的相关应用软件,提高针对土地空间优化配置的空间分析能力等。[①]

据了解,南昌市在优化城市空间时对南昌市城市及周边区域空间资源加以调节,制定不同的开发标准,采用控制引导措施,避免城市扩展的盲目

---

① 张鸿辉,曾永年,尹长林,等.城市土地利用空间优化配置的多智能体系统与微粒群集成优化算法.武汉大学学报,2011,36(8):1003-1007.

性和无限性，以此控制城市的无序发展。① 南昌市根据其城市及周边区域地形地貌、生态环境、交通条件和已经开发建设的情况，分别对禁止建设区、限制建设区、适宜建设区（优先开发区）和适宜开发区（引导开发区）进行了合理规划。禁止建设区从地形条件、水文条件、地质条件出发，对其已有基础设施情况、环保等方面进行综合评价，其中以自然条件为主要尺度，城市基础设施为次要尺度。在此基础上对规划范围内土地进行土地等级分类。限制建设区应严格遵守土地利用政策及规划，做好和加大外围城市新区同城市中心区的交通联系。适宜建设区一方面要建设快速便捷的交通方式，以与城市中心区联系，克服区域的陌生度和保证人流、物流的快速交换；另一方面政府要继续加大对优化城市空间的支持。适宜开发区结合城市公共交通规划和居住用地开发，不断完善城市新区功能，引导植入公共配套设施，提高城市新区吸引力。

通过了解国内有关方面内容，镇海可以借鉴保障空间结构优化相关方面的一些信息。主要有以下几个角度。

（一）完善土地供给制度

土地市场已经成为一个最基本的要素市场，价格机制是引导、配置土地资源的重要杠杆。工业用地的出让应在设置最低基准地价的基础上，逐步从协议出让方式转变为公开出让方式，一方面可以促使使用者重视土地的合理利用，尽可能地集约利用土地，多出效益；另一方面可以实现工业用地价值最大化，使土地资源的真正价值得以体现，扭转目前工业用地亏本出让的局面。如果城市的空间布局和相应的利用存在不合理之处，在日后的建设中，负面效应会相继出现，无法达到最高的土地使用率。因此在现有港城条件的基础上，应结合港城外部的整体环境，通过对设立土地项目进行严格把控来论证项目的可行性，最终实现合理的发展。

宁波镇海新区建设从整体上进行了控制性详细规划，对土地利用进行"区划"，形成不同的功能定位区。新城北区定位为综合高品质的行政、商业、商务、居住等功能的综合性城市北部中心，宁波中心城的北门户。新城南区定位为高教园区北区的组成部分和公建配套服务区，高品质的城市居住新区。凭借土地的价格以及相应的区位来划分类型不同的区域商业中

① 闵忠荣,杨贤房.城市空间结构优化与城市空间管制区划——以南昌市为例.现代城市研究,2011（3）:43-47.

心、居住区、交通枢纽、服务中心以及绿化中心,并达到土地集约利用的目的。按照合理布局、优化结构、完善机制的基本思路,整合土地资源和聚焦相关产业,为镇海新城的开发建设提供良好的外部环境,实现可持续发展,更好地协调各专业、各部门的需求和土地资源规划管理。

(二)设立项目准入制度

可持续发展的观念要求我们在对现有产业进行规划的同时,也要对土地资源进行合理的配置和利用。对于当前镇海新区的土地资源的现状,在北区形成"一心、一区、一廊、一轴、七个规划控制单元"的总体布局结构。新城南、北两片之间因铁路和防护绿带的分割,通过望海路这条城市功能发展轴取得联系。在望海路以西,洪家村北侧规划为宁波中心城北部综合客运交通枢纽。镇骆路以北、东外环路以东的城市生态带,永茂路和雄镇路之间的城市防护绿带通过多条纵横交错的河网水系渗透至区块内部。新城南区同样形成"一心、一区、一廊、两轴、七个规划控制单元"的总体布局结构。

同时要有计划、有步骤地将现有不符合产业导向的工业企业分批迁出老城区,实行土地置换,减少震荡。要抓住当前各个区域特有的经济发展优势,在镇海新区北区,通过高教园区北区的公建中心,为其提供完善的商业服务功能,挖掘部分潜在的研发功能;加快建设具有良好的环境景观的绿化中心,提升整体环境品质;城市北部为主要的居住新区,为周边产业区和高教园区北区提供居住配套;在现有交通的基础上,开发宁波公路客运北站交通枢纽。而镇海南区通过镇海新区南区的城市北部生产性服务中心,为周边产业区提供商务、商业、会议、展示、物流、信息等各项服务;主要服务于骆驼片区以及周边的江北、镇海地区的区域商业中心。

在工业方面,在优化工业发展空间结构的同时,进一步确定区域内产业园区的发展定位,梳理整合产业上下游关系,根据不同的特点和环境的适配程度,对产业园区进行分类,提升整个产业园区的集聚效应。在农业方面,推进城市休闲农业的发展。对农业资源进行合理配置,加快推进适度规模的土地流转,以"一带三区"为重点加快农业"两区"建设,全面推进都市农业升级发展。培育发展家庭农场,发挥都市农业的生态、休闲、观光作用,积极打造"都市绿野,幸福田园"休闲农业。大力发展都市休闲旅游,建设特色旅游示范区。

(三)加强用地的科学管理

为了强化规划和计划对土地这个特殊资源市场供需的平衡作用,政府

土地管理部门应对土地进行统一规划、统一征用、统一动迁安置、统一开发、统一出让、统一管理,杜绝乱批乱占现象。在用地管理方面要遵循几点要求:①科学制定用地计划,控制一级市场的土地供应总量,限制盲目的土地需求扩张,杜绝炒作行为及撂荒的可能;②控制项目用地规模,对用地申请,规划、土地等部门要进行严格论证和审查;③控制用地时序,对所有进区项目一律实行量资用地,保证项目用地需求的同时,不使土地撂荒;④严格控制土地使用权转让市场,坚持依法转让,促进二级市场正常发育;⑤确保一级市场的调控主动权,定期进行土地清理,收回未依法开发利用的土地,重新进行调整。

(四)城市空间土地优化注意事项

城市空间及其结构发展具有可预测性、阶段性和地域性,不少都市区借新一轮城市总体规划修编契机放眼远期,超前谋划空间框架。单卓然等学者通过对发达国家都市区空间发展进行研究,结合中国城市空间转型重构特征,认为在决定城市空间优化路径方面应尤其注重以下五点[①]。

(1)生态控制线引导空间有序增长,依托轨交线网重组用地,建设避免"重强轻密"。一方面,紧凑发展虽然是世界范围内都市区空间发展的普遍诉求,但单纯以划定城市空间中增长边界来限制空间拓展并不适合压缩工业化及快速城镇化地区,政策性分区与我国多级行政管理与政绩考核体系亦有矛盾。相比之下,现阶段通过法定渠道设定"自然增长边界"或生态控制线(区)引导空间有序增长可能更加有效。另一方面,单纯进行全域高强度开发并不代表提升紧凑度,建设密度更加关键。

(2)中心城市功能提升仍为重中之重,城市建设强化综合配套,节点培育不可操之过急,其形成和壮大均以都市区整体发展水平提升为基础,我国多数都市区专业模块化生产条件不充分,主观盲目建设不符合客观规律,极易造成土地、人力与财政的巨大浪费。

(3)努力提升门户地区对外连接能力与网络枢纽地位,推动相关功能集聚整合。在全球化与信息化时代下,门户地区的对外连接能力与网络枢纽地位是决定都市区空间开放水平与全球可达性的关键。仅作为交通运输空间的门户地区无法适应未来我国都市区功能组织需求,应适时推动相关要

---

① 单卓然,张衔春,黄亚平.1990 年后发达国家都市区空间发展趋势对策及启示.国际城市规划,2015,30(4):59-66.

素集聚整合,培育集交通运输、物流仓储、自由贸易、商务洽谈、专业加工等于一体的综合经济区。

(4)避免高强度、纯居住型空间更新,工业园区建设提前考虑未来功能置换要求城市土地利用的可循环性是提高城市空间韧性生长能力的重要保障。我国很多城市在这方面的主要问题在于在中心城市空间改造过程中存在过多纯居住型功能更新行为。这种以高密度、高强度房地产开发为主要功能置换方式的行为极大地延长了地块的二次开发周期,人为抬高了土地循环的综合成本,大大降低了其转化、混合及植入其他功能用地的可能性,应尽量避免。此外,城市改造优化建设用地也需超前考虑功能置换需求,将未来可能存在的改造代价分期平摊,以提高土地循环利用的效率与衔接能力。

(5)预留及打通蓝绿生态廊道,促进内部开敞空间与外围生态空间连通国际经验表明,在已建成区内"剥离"及"拼接"蓝绿生态廊道是一项极其重要的工作。要避免走"先填满,再挖掘"的老路。

三、强化人才保障

创新驱动的实质是人才驱动。城市的发展与人才的注入密不可分,所以实施积极的人才培养引进政策,建立更加灵活的人才管理制度,优化人才创新创业环境,充分发挥市场在人才资源配置中的决定性作用,激发人才创新创造活力对提升城市软实力并进一步提升城市综合素质能力有着至关重要的作用。根据镇海的实际情况,可以从以下三个方面强化镇海安全人才保障。

(一)大力培养领军人才

至 2015 年宁波市人才总量达 173.9 万人[①],院士工作站累计达 90 家;博士、博士后总人数近 3800 人;高技能人才数达 23.4 万人。近年来,镇海区的海外留学人才创业园已有 50 余个高层次海外人才创业项目落户,其中大学生创业园入驻企业达 230 余家,总产值超亿元,期间培育出 8 名宁波"十佳"创业新秀,数量居于宁波市首位。

虽然镇海新区区域科技人才的数量达 2.4 万人,专业技术人员数量达 2 万人,但当前高层次人才仍旧分布不合理,硕士及以上学历的创新性人才在事业单位、机关中较为缺乏,严重影响了企业的自主创新和开发能力。要借助镇海经济开发区的产业基础和镇海新区的科技创新平台,注重发展和培养具有强烈的创新意识、创新思维,拥有自主知识产权研发能力和高新技术

---

① 数据来源于《2015 宁波统计年鉴》。

应用能力的研究型人才,以此开拓临港工业、海洋经济、新能源开发等领域,促进镇海新区以先进制造业和现代服务业为基础的产业升级优化,实现经济平稳快速发展,提升整体竞争力。

(二)加大联合引智力度

镇海应建立高层次人才服务联盟,落实引才荐才的政策,推动各区域人才服务机构、创业创新基地以及各类社会组织的人才推荐和输出,继续深入实施当前的"千人计划"、市"3315"人才团队的人才引进工作。落实创业扶持政策,对于拥有国内外先进水平或者发展较为成熟,市场前景较为广阔的高新产业给予创业资金补助和专业的人才团队指导,项目后期进行定期跟进。做到将项目和人才结合起来,在对有自主研发能力和自主发明专利技术的人才进行扶持的同时,对具有发展潜力和创业创新的项目作进一步推进和发展。

市场需要创新,镇海区位于宁波新材料科技城的核心区域,周边是各大高校园区、创业科技新区、各类科研机构等,各大平台聚集大量科技人才。镇海新区要把创新的落脚点放在发展平台上,要践行"妈妈式"的服务理念,开展创业服务品牌活动,采用一站式窗口、网上申报和五证合一等一系列的流程,为创业企业进市场提供便利。搭建创业者与创业导师、社会资本与创业项目的无缝对接平台。加强对创业创新活动的资金支持,引导种子资金、天使资金、风险投资等社会投资项目对接创业团队。最终以"人才+项目"为服务对象,形成全方位、全过程的创新创业服务链,加大联合引智力度,提升镇海新区经济发展。实施企业梯队培育战略,鼓励企业加大智囊引进力度和开展管理创新,为临港产业基地建设和海洋经济发展孵化培育更多的领军型企业和管理人才。

(三)完善人才流动机制

镇海新区科研潜力巨大。以大学科技园、镇海科技创意大厦、中软宁波大厦、创E慧谷等项目为依托,产学研紧密结合。加之以"千人计划"、市"3315"计划为立足点,依托创业创新科技平台,引进大批海内外高层次创业创新人才和项目。此区域基本形成了高端制造业、新型材料、新型能源等先进的高新技术产业集群。推进人才扶持政策,将镇海新区建设成为海外留学人才归国的创业基地,建设国家级的科研服务站、院士工作站以及博士后工作站等高端人才开发平台,加快深入实施"121"人才培养工程,完善人才服务的环境氛围,强化人才项目绩效管理力度,最终把镇海建设成为具有宽广引才航线、高端创业泊位、有力口岸补给以及灵活通关机制的"人才金港"。

人力资源是企业发展的第一资源,要充分引导企业建立完善的人才流动机制,在企业文化、薪资、就业环境等方面加大投资,为人才创造良好的就业氛围和工作环境。关注并指导相关方向人才的职业发展规划。在各地区、各企业通过推行人才持股经营、技术人员入股等新的资金分配手段,吸引所需的人才向所需区域不断流动。在招聘人才方面,采取灵活多样的创新招聘方式,高校招聘也要充分了解信息技术的发展,网络招聘与实地招聘的结合能够更全面地为企业提供合适的人选。培养技能型人才,构建创新型人才库,引导镇海新区人才合理流动。与此同时,要有效调控当前区域的人才规模、分布和结构,缓解一部分优秀外来人口对本地区人才带来的竞争压力。

四、强化技术保障

全国政协委员孙南申认为,我国的技术创新存在四个主要问题:一是产学研相分离,企业自主创新能力总体较低,尚未成为技术创新的主体;二是各种科技力量分散,低水准重复研究较多,各地科技规划未能充分反映产业的重大科技需求和市场前景,社会公益领域技术创新能力有限、薄弱;三是对技术创新的金融和财政支持有限,政府部门技术行政管理效率不高;四是科技评估机制落后,技术不正当竞争制约企业研发能力,普遍存在地区性技术市场分割与地方保护主义。[①] 通过将镇海的实际情况与之对比,我们不难发现,镇海同样存在这些问题,因此我们提出以下几个方面的措施以供参考。

(一)建立战略性新兴产业创新基地

近年来,我国一些城市纷纷引入新兴产业发展,并以此推动城市产业结构优化升级。这些城市根据自身的资源和产业优势,在城市特色产业中注入伴随新兴市场需求应运而生的新兴业态,促进创新驱动与产业发展相结合,使自主创新与新兴产业发展成为城市优化产业结构的主导力量。通过分析现存经验案例,结合镇海发展实际情况,我们提出以下几点建议。

1. 着力突破关键技术

在经济建设方面,要重点扶持临港区域高新产业领域技术创新,尤其是电子信息技术在现代新材料以及现代医药方面的运用。利用 ERP(Enterprise Resource Planning,企业资源计划)技术在供应链管理、电子商

---

① 孙南申建议:加强技术创新保障措施.[2016-03-12]. http://shszx. eastday. com/node2/node1721/node1828/node4731/node4742/node4744/u1a25824.html.

务、企业管理中对资源配置、生产流程进行控制。同时完善网络信息交换平台,依托平台公共信息,进行数据交换共享,完善仓储、配送、装卸、货运等一系列过程中的物流资源分配,将码头与港口的船舶和货物信息进行实时交换与监控,形成现代化港口物流体系。

城市建设方面,政府首先应注重科学规划,突出抓好临港工业集群的发展规划,根据临港工业产业发展定位确定合理的布局,明确主导产业,重点布局一批临港型特征明显的大项目。其次,政府应改善软环境,提升城市综合竞争力,降低交易成本。按照优化软环境和提升软实力的理念建设宁波,使之成为一个文明、和谐、安全的城市,实现港口和城市共同发展的目标。最后,政府应积极引导企业投资重化工业,尤其要吸引外商以资金、技术和设备等方式参股、并购,进行资产重组,改造传统临港重化工业,提高技术装备和管理水平。

2. 完善创新服务平台

政府应建立示范推广机制,促进企业完善股权制度,优先引进重大项目,推动企业建立海外基地,推动企业国际化经营。在宁波市大学科技园设立创意产业基地,发展创意经济。完善服务平台,大力推进清华校友创业创新基地、西安电子科技大学宁波信息技术研究院和产业园、中科院大连化物所国家技术转移中心宁波中心、中科院宁波材料所初创产业园、国际应用能源技术创新研究院等重大科技创新平台建设,完善面向企业的技术创新服务平台,推进该地企业建设研发中心,将转化后的经验成果消化后,进行吸收再创新。

镇海区应以宁波化工区、镇海经济开发区、宁波(镇海)大宗货物海铁联运物流枢纽港为招商平台,在临港产业吸纳大企业集团(如首钢浙金、九龙仓仓储、浙金嘉贝等大型物流仓储企业)的投资,利用立体集疏运网络,打造辐射全国的大宗货物物流、贸易和信息管理中心。通过大项目带动大基地,再以大基地延伸产业链,推动经济转型升级。

3. 深化专利和技术标准

加强高新技术的专利申请与保护,着力培育自主知识产权和自主品牌,提升产业核心竞争力,为科技创新建立良好环境;加大知识产权的维护力度,保持良性的社会主义市场经济秩序;鼓励人才和企业树立知识产权意识,积极申请相关技术和产品的专利、商标、版权等知识产权,不断引导企业积极参与关于技术和产品的国际标准、国家标准的制定与修订活动,深化专利和技术标准;高度重视专利工作,政府给予拥有高新技术、自主研发能力的企业以一定的资金补助,以此鼓励企业提高专利和发明的数量,大力提高现有创新水平,占领创新产业制高点。同时应普及知识产权与专利方面的知识,定期开设培训班,使人才和企业在认识到专利和技术重要性的同时,不断提高自身现有的竞争力水平。

(二)建置产品应用示范工程

1.重点区域应用示范

强化规划引领,形成以"一核两带三组团"为主线,多规融合的区域空间发展新格局。以镇海新城为核心引领,形成镇海区城市经济发展的核心功能区域。以沿甬江北岸城市发展带、沿海现代产业发展带"两带"为依托,打造甬江出海口水上门户区和现代产业主体承载区。推进城市组团式联动发展,大力提升骆驼—庄市组团城市核心功能,加快宁波中心城市北部商贸商务中心建设步伐。推进招宝山—蛟川组团融合发展,推动招宝山老城改造提升。提升九龙湖—澥浦组团,推进九龙湖生态环境保护和休闲旅游发展,加强澥浦与宁波石化经济技术开发区的对接延伸和配套服务。

推进甬江北岸片区开发,构建现代化滨海城区。推进围垦后备区开发,强化与宁波石化经济技术开发区的产业链对接延伸。围绕宁波新材料科技城开发建设,做好城市规划建设、产业平台的对接,统筹生活设施和公建配套设施建设,吸引更多优势产业化项目落户镇海,推进镇海新城与新材料科技城差异互补发展和连片集聚发展。

构建生态安全屏障。全面实施环境功能区划,划定并严守生态保护红线,强化生态环境空间管制,加强生态安全风险控制。优化生态空间布局,加快建设生态隔离屏障,提升森林镇海建设水平,形成城市林带和滨海"呼吸通道",完善生态防护林带系统,努力构建海洋—化工产业区—产业缓冲区—防护林带—生态缓冲区—城镇集聚区的生态安全战略格局。

2.优势企业应用示范

强化镇海科技园区依靠"四大基地"形成的"创新源—创业孵化—产业化转化"梯度发展的创新链。着重鼓励和支持国内外著名高校、科研院所、经济实体和各类科技人才联合兴办科研机构、创业企业,重点孵化电子信息、生物医药、光机电、新材料、精细化工和新产品开发项目,形成产学研一体化发展,成为拟创建的宁波国家高新技术产业开发区集聚各类研发机构、创新平台和科技人才的高地。努力建成以知识服务业、先进制造业和创意产业为核心的高新技术特色产业园区。

参考文献

[1] 车前进,段学军,郭垚,等.长江三角洲地区城镇空间扩展特征及机制.地理学报,2011,66(4):446-456.

[2] 陈曦,翟国方.物联网发展对城市空间结构影响初探——以长春市为例.地理科学,2010(4):529-535.

[3] 邓星月.港口城市空间结构与布局研究——以宁波市为例.宁波:宁波大学,2012.

[4] 邓智团.优化创新空间布局提升城市创新功能.华东科技,2013(5):68-69.

[5] 董业斌,张秀青,王伟,等.有毒有害气体危害阈值的探讨.广州化工,2014,42(11):151-153.

[6] 杜念峰.党的十八大文件汇编.北京:党建读物出版社,2012.

[7] 方维慰.城市空间结构政府治理的优化[J].学海,2014(6):132-137.

[8] 郭明豪.呼之欲出的"石化巨星"——宁波化工区打造国家绿色石化产业基地纪实.中国经济导报,2010-07-22(B04).

[9] 胡倩.整合优化空间资源、促进集聚集约发展的思路研究[J].特区经济,2016(1):66-67.

[10] 胡顺路.转型发展背景下的城市空间功能优化研究.青岛:青岛科技大学,2014.

[11] 江曼琦.聚集效应与城市空间结构的形成与演变.天津社会科学,2001(4):69-71.

[12] 金云峰,张悦文.复合·拓展·优化——城镇绿地空间功能复合.中国

风景园林学会 2014 年会论文集,2014:811-817.

[13] 靳桥,刑忠,汤西子.生态整合目标导向下的城市开放空间资源利用与关联建设用地布局.西部人居环境学刊,2015(6):68-69.

[14] 李广东,方创琳.城市生态—生产—生活空间功能定量识别与分析.地理学报,2016,71(1):9-65.

[15] 厉敏萍,曾光.城市空间结构与区域经济协调发展理论综述.经济体制改革,2012(6):53-56.

[16] 林兰.德国汉堡城市转型的产业—空间—制度协同演化研究.世界地理研究,2016,25(4):73-82.

[17] 林善炜.福州城市功能优化与提升——基于空间结构视角.福州党校学报,2010(3):61.

[18] 刘海龙.从无序蔓延到精明增长——美国"城市增长边界"概念述评.城市问题,2005(3):67-72.

[19] 卢冠宇.基于城市生态安全评价的空间格局优化对策研究——以南充市为例.科技信息,2010(31):13.

[20] 鲁西奇.人地关系理论与历史地理研究.史学理论研究,2001(2):36-46.

[21] 马交国,杨永春.生态城市理论研究综述.兰州大学学报(社会科学版),2004,32(5):108-117.

[22] 闵忠荣,杨贤房.城市空间结构优化与城市空间管制区划——以南昌市为例.现代城市研究,2011(3):43-47.

[23] 潘群威.后开发区时代省级开发区转型升级研究——以浙江镇海经济开发区为例.上海:上海交通大学,2013.

[24] 彭文英.中国首都圈土地资源综合承载力及空间优化格局.首都经济贸易大学学报,2014(1):77-78.

[25] 彭文英,刘念北.首都圈人口空间分布优化策略——基于土地资源承载力估测.地理科学,2015(5):558.

[26] 单卓然,张衔春,黄亚平.1990 年后发达国家都市区空间发展趋势对策及启示.国际城市规划,2015,30(4):59-66.

[27] 师卫华.园林植物生态系统对城市空间结构的影响.山东农业科学,2008(7):123-124.

[28] 苏黎兰,杨乃,李江风.多目标土地用途分区空间优化方法.地理信息世界,2015(1):19-20.

[29] 唐子来.西方城市空间结构研究的理论和方法.城市规划学刊,1997 (6):1-11.

[30] 王发曾.洛阳市区绿色开放空间系统的动态演变与功能优化.地理研究,2012(7):1209.

[31] 王开泳.城市生活空间研究述评.地理科学进展,2011,30(6):691-698.

[32] 王宇,高晓明.城市港口区域空间的复兴——德国汉堡新城"城市空间设计".工业建筑,2016,46(2):5-8.

[33] 王正,赵万民.可持续目标导向下的重庆都市区空间形态组织.城市发展研究,2010(8):5.

[34] 谢高地.区域空间功能分区的目标、进展与方法.地理研究,2009 (3):561.

[35] 徐东云,张雷,兰荣娟.城市空间扩展理论综述.生产力研究,2009(6):168-170.

[36] 杨荣金,周申立,王兴贵,等.生态用地研究进展综述.中国环境管理干部学院学报,2011,21(2):33-35.

[37] 尹海伟.城市开敞空间:格局·可达性·宜人性.南京:东南大学出版社,2008.

[38] 詹荣胜.落实主体功能区战略的宁波陆域可利用空间分析.宁波经济（三江论坛）,2014(11):26.

[39] 张鸿辉,曾永年,尹长林,等.城市土地利用空间优化配置的多智能体系统与微粒群集成优化算法.武汉大学学报,2011,36(8):1003-1007.

[40] 张慧芳.交通发展对土地利用变化的作用机理研究——以宁波市镇海区为例.浙江大学,2011.

[41] 张荣天,张小林.国内外城市空间扩展的研究进展及其述评.中国科技论坛,2012(8):151-155.

[42] 张文忠,王传胜,薛东前.珠江三角洲城镇用地扩展的城市化背景研究.自然资源学报,2003,18(5):75-582.

[43] 赵丹,李锋,王如松.城市生态用地的概念及分类探讨.2009中国可持续发展论坛,2009.

[44] 赵作权.高端聚集:中国经济空间发展战略.城市发展研究,2011 (5):39.

[45] 周丽永.浅谈卫星城的产业功能及其定位.重庆文理学院学报,2004,3(4):

35-37.

[46] 周文.北仑港口城市空间布局优化研究.杭州:浙江大学,2010.

[47] 查晓鸣.新城市主义理论分析.甘肃科技 2012,28(14):131-134.

[48] Zhang T,Sorensen A,黄剑.提高城市边缘地区自然开敞空间连续性的设计方法论.国外城市规划,2002(4):17-20.

[49] 庄佩君.全球海运物流网络中的港口城市——区域:宁波案例.上海:华东师范大学,2011.

[50] Ding C. Urban spatial development in the land policy reform era: Evidence from Beijing. Urban Studies,2004,41(10):899-1907.

索 引

后　记

　　本书系 2015 年度宁波市港城关系研究基地课题"临港区域空间结构优化研究——以镇海为例"(JD15GG)的最终成果。自课题正式立项以来，宁波市港城关系研究基地精心组织由宁波工程学院马克思主义学院、经管学院、理学院的老师组成的研究团队，进行多次讨论，商讨研究方案，确立写作提纲，综合运用城市地理学、经济地理学、区域经济学、空间经济学、规划学等学科与方向的基本理论和研究方法，以宁波市镇海区临港区域为重点对象开展研究，从用地、产业两个角度进行深入分析，研究提出加快用地空间管制、优化空间结构的具体对策建议。

　　课题在研究过程中，得到了宁波市社科院以及宁波市各位专家的悉心帮助与指导。自宁波市实施"以港兴市、以市促港"战略以来，理论工作者开展了许多卓有成效的研究，取得了一批重要研究成果。本书在写作过程中参考和借鉴了这些研究成果，使用了部分图片，多数在书中已经作出注释，有些在书中未一一注释，在此一并表示感谢！

　　建立平台，组成团队，研究港城关系，揭示港口城市发展规律是成立宁波市港城关系研究基地的重要目的，也是我们努力追求的方向。由于我们学识浅薄，书中尚存在错讹和不当之处，敬祈专家和读者批评指正。

　　本书具体分工为：陈洪波教授负责全书写作大纲的设计以及全书统稿；郑娟博士负责第一章的写作任务；尹天鹤博士负责第二章的写作任务；唐新贵副教授负责第三章的写作任务；庄春吉博士负责第四章的写作任务；闫森副教授负责第五章的写作任务；林丛老师负责第六章的写作任务；厉孝忠老师负责第七章的写作任务；傅海威副教授负责第八章的写作任务。

陈洪波

2016 年 11 月于宁波工程学院